花生加工技术

◎ 王明清　于丽娜　宋　昱　毕　洁　等　著

中国农业科学技术出版社

图书在版编目（CIP）数据

花生加工技术 / 王明清等著. -- 北京 : 中国农业科学技术出版社，2024. 12. -- ISBN 978-7-5116-7106-6

Ⅰ. TS255.1

中国国家版本馆 CIP 数据核字第 2024D2E267 号

责任编辑 白姗姗
责任校对 李向荣
责任印制 姜义伟　王思文

出 版 者 中国农业科学技术出版社
北京市中关村南大街 12 号　　邮编：100081
电　　话 （010）82106638（编辑室）（010）82106624（发行部）
（010）82109709（读者服务部）
网　　址 https:// castp.caas.cn
经 销 者 各地新华书店
印 刷 者 北京建宏印刷有限公司
开　　本 148 mm × 210 mm　1/32
印　　张 5.125
字　　数 135 千字
版　　次 2024 年 12 月第 1 版　2024 年 12 月第 1 次印刷
定　　价 48.00 元

《花生加工技术》
著者名单

主　著：	王明清	于丽娜	宋　昱	毕　洁
副主著：	李万鑫	穆树旗	王晓妮	刘彩虹
著　者：	高　远	王鲁慧	江　晨	李新国
	马晓杰	王　帅	宫清轩	杨伟强
	于忠辉	贺长映	夏振龙	安　坤
	孙立业	董卫中	邱少芬	高正杰
	矫岩林	赵　健	刘小华	曲璐璐
	程小敉	张鹏远	邱美雯	李文静
	李　明	吴庆谦	于　新	吴正锋
	王希平			

前言

PREFACE

花生（*Arachis hypogaea*）是豆科落花生属的优质食用油主要油料品种之一，又名落花生、长生果、唐人豆等。花生营养丰富，其种子中含有25%～36%的蛋白质、43%～55%的脂肪和10%～13%的碳水化合物等营养物质，此外，花生红衣、花生壳、植株（花生秆、花生叶和花生根）中还含有原花青素、类黄酮、白藜芦醇、膳食纤维等功能活性物质，可以说花生全身都是宝。目前，花生的加工利用途径主要是生产花生油、花生酱、花生休闲食品等初级产品，精深加工产品种类少，这使得花生资源没有得到充分开发利用。而深入研究花生中的营养物质和活性物质的加工技术，可以弥补花生精深加工方面的不足，对于延长花生产业链、提高花生产品附加值、促进花生产业可持续发展具有重要的意义。

近年来，随着社会的进步和人民生活水平的不断提高，人们越来越重视饮食健康。因此，深度挖掘花生的可利用价值，开发出更多的高品质花生精深加工产品，不仅有利于满足人们对食品量足质高结构优的需求，还有利于提高花生在食品及相关工业中的地位。当前，我国的花生贸易和加工工业已由小变大，产品质量也由低到高，发生着日新月异的变化。为适应花生贸易、加工和利用迅速发展的需要，并为从事花生研究和广大人民群众应用花生及其制品提供参考，特著《花生加工技术》一书。

本书著者依据各自在花生营养物质和活性物质加工利用方面的

研究进展，对花生蛋白（肽）系列产品、花生油脂、花生功能成分和花生产品等方面的加工技术进行梳理和总结。在撰写过程中，力求体现花生加工技术的科学性、创新性和可行性，达到工艺流程简洁清晰，制备工艺通俗易懂、可实施性强，书中对部分工艺制备的产品的理化性质、功能特性也作了简要介绍，便于读者参阅。本书由山东省花生研究所联合烟台市大成食品有限责任公司等有关单位从事农产品加工、食品质量与安全、食品营养与健康、食品贮运与营销和食品检验检测技术的研究和技术推广的人员共同完成。

本书介绍复合植物水解酶（ Viscozyme L）预处理花生粕制备花生浓缩蛋白技术、超声波辅助蛋白酶解制备限制性水解花生浓缩蛋白技术、超声波辅助花生浓缩蛋白糖基化改性技术等 28 个花生加工技术，涵盖花生加工即食产品、花生油、花生蛋白、花生红衣、花生壳、花生茎叶等多个方面。本书读者对象主要是从事花生油加工、花生制品加工、粮油储运、食品加工行业、饮料制造行业、调味品行业、食品包装行业和农产品加工等领域的科研人员、企业技术人员和管理人员，以及广大热爱科学技术的人们。

本书的出版得到山东省重点研发计划（乡村振兴科技创新提振行动计划）（2023TZXD074，2023TZXD007）、科技特派员科技服务乡村振兴典型案例（新技术、新品种、新模式）推广应用（2022DXAL0102）等项目资助，在此表示感谢。

限于著者的知识水平和经验，以及花生加工技术日新月异的发展，书中难免有疏漏和不妥之处，诚恳希望专家、同仁和广大读者提出宝贵的意见和建议。

著者

2024 年 9 月

目录

CONTENTS

1

复合植物水解酶（Viscozyme L）预处理花生粕制备花生浓缩蛋白技术

一、花生浓缩蛋白介绍

以蛋白含量约 50% 的脱脂花生粕粉为原料，采用热水萃取、等电点沉淀或乙醇浸提技术制备花生浓缩蛋白，其蛋白纯度可达到 65% 以上。复合植物水解酶（Viscozyme L）是一种包括阿拉伯聚糖酶、纤维素酶、β- 葡聚糖酶、半纤维素酶和木聚糖酶在内的复合多酶。采用 Viscozyme L 预处理花生粕粉，能降解花生粕中的纤维素、半纤维素等碳水化合物类物质，有利于蛋白的释放，再结合乙醇浸提技术可提高花生浓缩蛋白的提取率，并能够使花生浓缩蛋白的纯度提高至 70% 以上。

二、花生浓缩蛋白制备技术

花生浓缩蛋白制备工艺流程如图 1 所示。

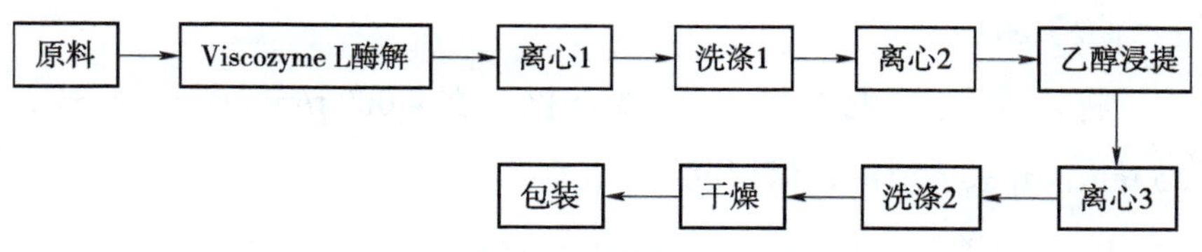

图 1　花生浓缩蛋白制备工艺流程图

1. 花生浓缩蛋白制备技术工艺

（1）原料

花生粕经粉碎机粉碎并过 50 目筛，取筛下的花生粕粉作为原料。

（2）Viscozyme L 酶解

花生粕粉投入到超声波萃取罐中，注入水，料液比（1：10）～（1：5），调节混合液 pH 值 3.4～5.4，加入 2.5～12.5 FBG/g 花生粕粉的 Viscozyme L，在温度 35～60 ℃、超声波功率 600～1 000 W、超声波频率 25 kHz 条件下酶解 10～60 min。

（3）离心 1

将酶解混合液放入离心机，在 4 000 r/min 条件下离心 15 min，弃去上清液，保留沉淀。

（4）洗涤 1

向离心 1 步骤的沉淀中加入 80℃水，充分搅拌洗涤 10 min。

（5）离心 2

在 4 000 r/min 条件下将洗涤 1 的混合液离心 15 min，弃去上清液，保留沉淀。

（6）乙醇浸提

离心 2 的沉淀投入到超声波萃取罐中，注入浓度为 60%～80% 的乙醇溶液，料液比为（1：10）～（1：5），在温度 40～60 ℃、超声波功率 800～1 000 W、超声波频率 25 kHz 条件下浸提 40～60 min。

（7）离心 3

将乙醇浸提混合液放入离心机，在 4 000 r/min 条件下离心 15 min，弃去上清液，保留沉淀。

（8）洗涤 2

向离心 3 步骤的沉淀中加入水，充分搅拌洗涤 10 min，在

4 000 r/min 条件下离心 15 min，弃去上清液，保留沉淀，此步骤重复 3 次。

（9）干燥

洗涤 2 的沉淀放入真空干燥机中，在 0.098～0.1 MPa、温度 20～30℃条件下干燥 4～6 h。

（10）包装

产品包装标志花生浓缩蛋白含量、生产日期等，产品包装储运图示应符合 GB/T 191—2008 的规定。包装建议采用全自动包装方式。

2. 花生浓缩蛋白的氨基酸、蛋白、部分微量元素含量（表 1）

表 1　花生浓缩蛋白中蛋白、部分微量元素和氨基酸的含量

名称	含量	名称	含量	名称	含量
门冬氨酸（Asp）/%	10.3	谷氨酸（Glu）/%	17.4	丝氨酸（Ser）/%	4.15
甘氨酸（Gly）/%	4.09	组氨酸（His）/%	1.00	精氨酸（Arg）/%	9.18
苏氨酸（Thr）*/%	2.09	丙氨酸（Ala）/%	3.48	脯氨酸（Pro）/%	3.63
酪氨酸（Tyr）**/%	3.27	缬氨酸（Val）*/%	3.61	蛋氨酸（Met）*/%	0.50
胱氨酸（Cys）**/%	1.20	异亮氨酸（Ile）*/%	2.77	亮氨酸（Leu）*/%	5.83
苯丙氨酸（Phe）*/%	4.49	赖氨酸（Lys）*/%	2.83	色氨酸（Trp）*/%	0.45
总必需氨基酸量 /%	22.57	氨基酸总量 /%	80.3	蛋白 /%	73.21
钙 /（mg/kg）	834.0	钾 /（mg/kg）	648.1	铜 /（mg/kg）	10.4
锌 /（mg/kg）	35.6	铁 /（mg/kg）	35.9	硒 /（mg/kg）	0.23
锰 /（mg/kg）	53.9	/	/	/	/

注：* 为人体必需氨基酸，** 为半必需氨基酸。

3. 花生浓缩蛋白的扫描电镜（SEM）图像（图 2）

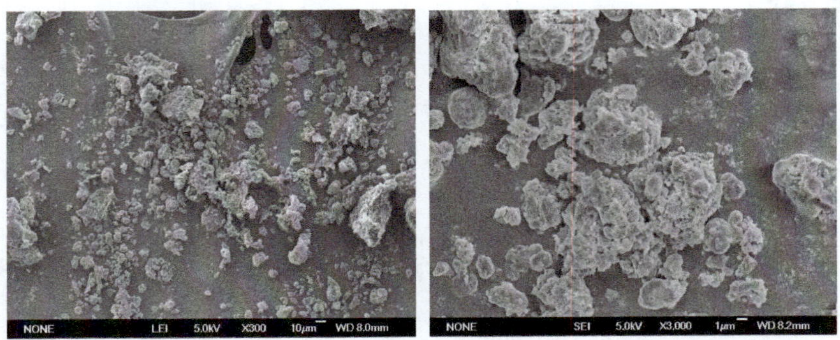

图 2　花生浓缩蛋白 SEM 图像

2

超声波辅助蛋白酶解制备限制性水解花生浓缩蛋白技术

一、限制性水解花生浓缩蛋白介绍

限制性水解花生浓缩蛋白的蛋白分子轻微水解，大分子蛋白链长减小，且部分蛋白水解为功能性多肽，其溶解性、乳化性、起泡性、持水性、吸油性等功能性质得到改善和提升，并具有较好的抗氧化活性。限制性水解花生浓缩蛋白适合用作加工焙烤食品、肉制品、冰淇淋、乳制品、发酵食品和组织蛋白食品的蛋白基料，有利于提高各种食品的蛋白含量和品质。

二、限制性水解花生浓缩蛋白制备技术

限制性水解花生浓缩蛋白制备工艺流程如图 1 所示。

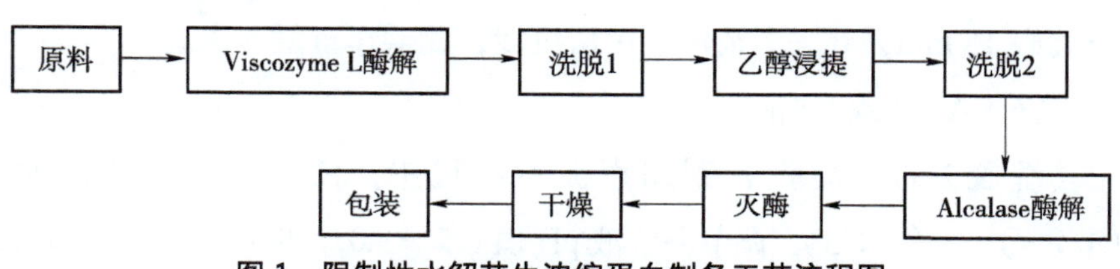

图 1　限制性水解花生浓缩蛋白制备工艺流程图

1. 限制性水解花生浓缩蛋白制备技术工艺

（1）原料

花生粕经粉碎机粉碎并过 50 目筛，取筛下的花生粕粉作为原料。

（2）Viscozyme L 酶解

花生粕粉投入到超声波萃取罐中，注入水，料液比 1：10，调节混合液 pH 值 4.2，加入 6.1 FBG/g 花生粕粉的 Viscozyme L，在温度 43 ℃、超声波功率 900 W、超声波频率 25 kHz 条件下酶解 48 min。

（3）洗脱 1

将酶解混合液放入离心机，在 4 000 r/min 条件下离心 15 min，弃去上清液，沉淀加入 80℃水，搅拌 10 min，在 4 000 r/min 条件下离心 15 min，弃去上清液，保留沉淀。

（4）乙醇浸提

洗脱 1 的沉淀投入到超声波萃取罐中，注入浓度为 70% 的乙醇溶液，料液比 1：10，在温度 55℃、超声波功率 1 000 W、超声波频率 25 kHz 条件下浸提 45 min。

（5）洗脱 2

将乙醇浸提混合液放入离心机，在 4 000 r/min 条件下离心 15 min，弃去上清液，沉淀加入水，搅拌 10 min，在 4 000 r/min 条件下离心 15 min，弃去上清液，保留沉淀，此操作重复 3 次。

（6）Alcalase 酶解

洗脱 2 的沉淀投入到超声波萃取罐中，注入水，料液比为（1：6）～（1：3），调节混合液 pH 值 6.5～9.0，加入 30～120AU/L 酶解混合液的 Alcalase，在温度 50～70 ℃、超声波功率 600～1 000 W、超声波频率 25 kHz 条件下酶解 30～60 min。

（7）灭酶

酶解结束后，将超声波萃取罐温度升至 85℃，保持 5 min，之后，迅速降温。

（8）干燥

酶解混合液放入真空干燥机中，在 0.098～0.1 MPa、温度 40～50℃条件下干燥 8～10 h。

（9）包装

产品包装标志限制性水解花生浓缩蛋白含量、生产日期等，产品包装储运图示应符合 GB/T 191—2008 的规定。包装建议采用全自动包装方式。

2. 限制性水解花生浓缩蛋白的氨基酸质量百分含量、抗氧化活性和功能性质（表 1、表 2，图 2 至图 7）

表 1　限制性水解花生浓缩蛋白氨基酸的含量

名称	含量 /%	名称	含量 /%	名称	含量 /%
门冬氨酸（Asp）	7.42	谷氨酸（Glu）	13.0	丝氨酸（Ser）	3.07
甘氨酸（Gly）	3.11	组氨酸（His）	0.98	精氨酸（Arg）	7.32
苏氨酸（Thr）*	1.36	丙氨酸（Ala）	2.43	脯氨酸（Pro）	2.68
酪氨酸（Tyr）**	2.21	缬氨酸（Val）*	2.55	蛋氨酸（Met）*	0.40
胱氨酸（Cys）**	1.07	异亮氨酸（Ile）*	1.93	亮氨酸（Leu）*	4.15
苯丙氨酸（Phe）*	3.06	赖氨酸（Lys）*	2.22	色氨酸（Trp）*	0.29
总必需氨基酸量	15.96	氨基酸总量	59.2		

注：* 为人体必需氨基酸，** 为半必需氨基酸。

表 2　限制性水解花生浓缩蛋白的抗氧化活性

抗氧化活性	回归方程	R^2	IC_{50} 值 /（mg/mL）
DPPH 自由基清除率	$y = 0.073x^2 + 0.445\,6x + 35.791$	0.995 4	11.23
羟自由基清除率	$y = -0.092\,3x^2 + 5.626\,3x + 11.175$	0.993 4	7.93
超氧阴离子自由基清除率	$y = 0.056\,8x^2 + 2.098\,3x + 7.762\,4$	0.994 4	14.47
铁还原力	$y = -0.000\,03x^2 + 0.015\,6x + 0.200\,4$	0.993 4	19.97
钼还原力	$y = -0.000\,3x^2 + 0.024\,4x + 0.225\,8$	0.991 1	13.47
铁离子螯合率	$y = -0.047\,1x^2 + 3.119\,5x + 8.278\,1$	0.996 8	18.60
铜离子螯合率	$y = 0.024\,3x^2 + 1.195\,4x + 12.372$	0.990 0	21.81
脂质过氧化抑制率	$y = -0.041\,6x^2 + 2.524\,8x + 14.728$	0.990 9	

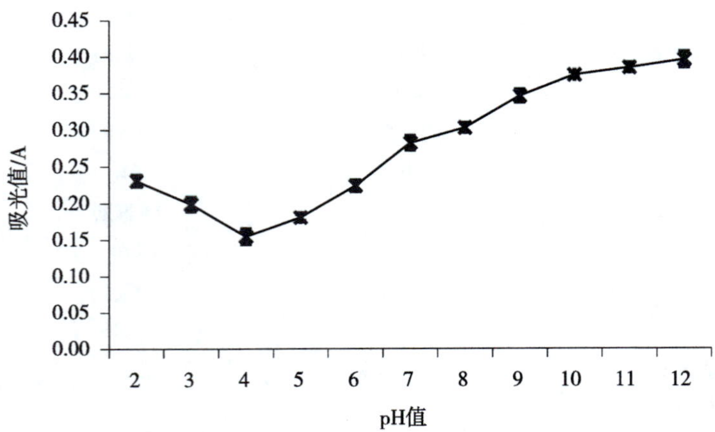

图 2　限制性水解花生浓缩蛋白的等电点（pH 值 4.0）

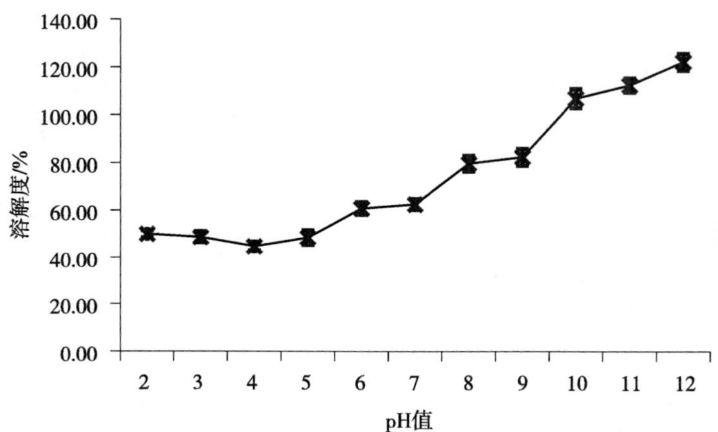

图 3 限制性水解花生浓缩蛋白的溶解度

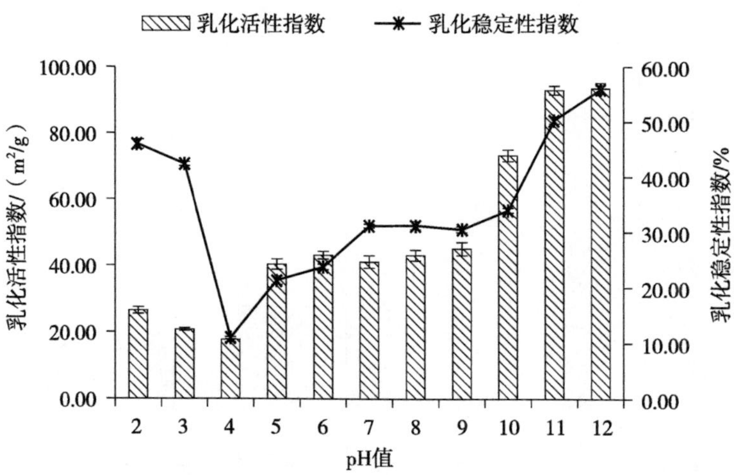

图 4 限制性水解花生浓缩蛋白的乳化活性指数和乳化稳定性指数

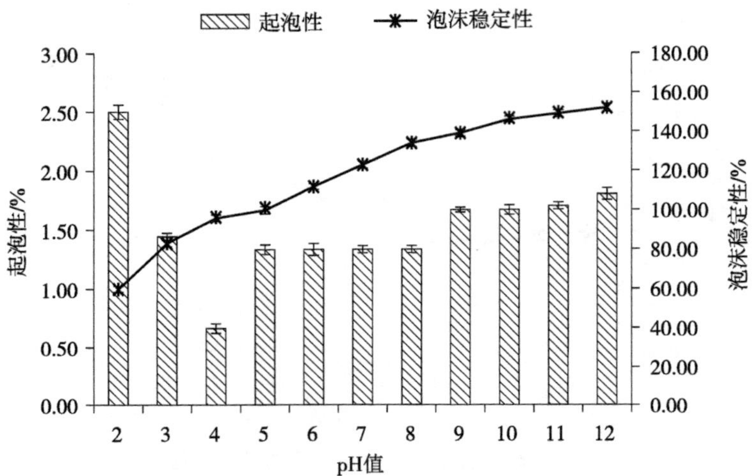

图 5 限制性水解花生浓缩蛋白的起泡性和泡沫稳定性

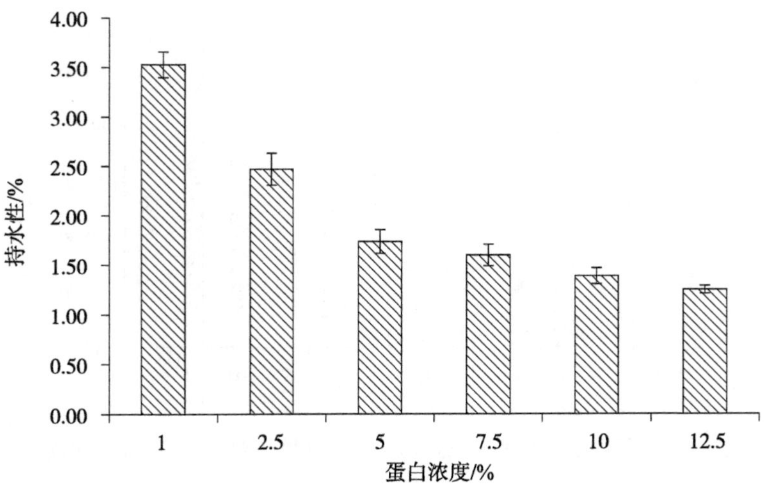

图 6 限制性水解花生浓缩蛋白的持水性

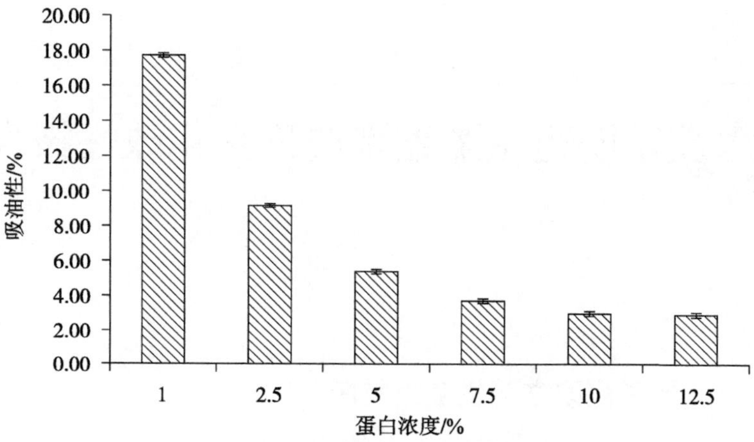

图 7　限制性水解花生浓缩蛋白的吸油性

3

超声波辅助花生浓缩蛋白糖基化改性技术

一、糖基化改性花生浓缩蛋白介绍

花生浓缩蛋白的氨基和糖的羰基在适宜的条件下发生羰氨反应，生成糖基化改性花生浓缩蛋白。糖基化改性花生浓缩蛋白的功能特性较未改性浓缩蛋白有较大的改善，可以进一步拓宽其应用范围，从而提高花生浓缩蛋白产品附加值。

二、糖基化改性花生浓缩蛋白制备技术

糖基化改性花生浓缩蛋白制备工艺流程如图 1 所示。

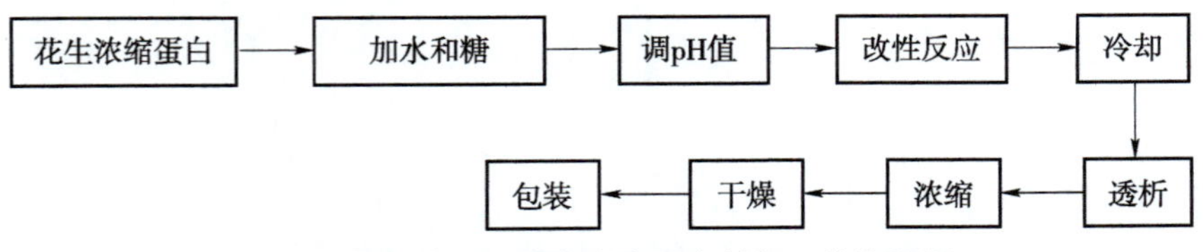

图 1　糖基化改性花生浓缩蛋白制备工艺流程图

1. 糖基化改性花生浓缩蛋白制备技术工艺

（1）花生浓缩蛋白

纯度为 70% 以上的花生浓缩蛋白粉末，粒度在 50 目以上，含水量小于 3%，投入到超声波萃取罐中，投入量为反应液的 0.5%～3%。

（2）加水、葡萄糖或麦芽糖

在超声波萃取罐中注入水，再加入反应液 0.5%～3% 的葡萄糖或麦芽糖，搅拌 5 min 混合均匀。

（3）调 pH 值

用 1.0 mol/L 的 NaOH 溶液调节混合液 pH 值 8.0～10.5。

（4）改性反应

在反应液温度 50～80℃、超声波功率 600～1 000 W、超声波频率 25 kHz 条件下进行改性反应 10～60 min。

（5）冷却

改性反应结束后，立即用冷却水将反应液温度降至 25℃。

（6）透析

冷却的反应液倒入透析设备中，在 4℃透析 24 h，得到花生浓缩蛋白糖基化改性溶液。

（7）浓缩

花生浓缩蛋白糖基化改性溶液在真空度 0.1 Pa、温度 40℃条件下真空蒸发浓缩，得到花生浓缩蛋白糖基化改性浓缩液。

（8）干燥

花生浓缩蛋白糖基化改性浓缩液在 -30℃冷冻，然后用冷冻干燥机进行干燥，设定干燥温度为 -55℃，真空度为 0.1 Pa 以下，进行冷冻干燥，得到糖基化改性花生浓缩蛋白干燥粉末，接枝度 35%～50%，水分含量＜3%。

（9）包装

产品包装标志糖基化改性花生浓缩蛋白接枝度、生产日期等，产品包装储运图示应符合 GB/T 191—2008 的规定。包装建议采用全自动包装方式。

2. 糖基化改性花生浓缩蛋白的乳化活性指数和乳化稳定性指数（图 2）

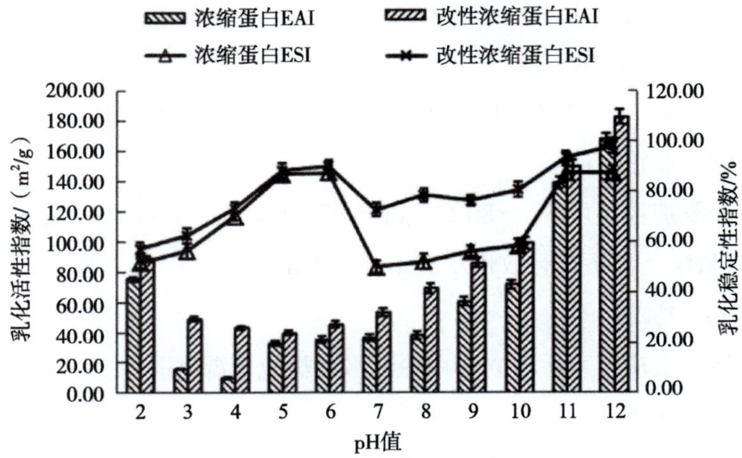

图 2　花生浓缩蛋白和改性浓缩蛋白的乳化活性指数和乳化稳定性指数（*n*=3）

4

超声波辅助碱浸提等电点沉淀制备花生分离蛋白技术

一、花生分离蛋白介绍

以脱脂花生粕粉为原料，通过碱浸提等电点沉淀技术或超滤膜技术制备花生分离蛋白，其蛋白纯度可达到 90% 以上。其中，碱浸提等电点沉淀技术具有操作简单、易大规模、连续生产、生产效率高等优点，在生产花生分离蛋白中得到广泛应用。超声波具有空化作用，产生的气泡经挤压破裂，可以瞬间产生极强的机械剪切力，能够改变蛋白分子构象，或剪切大分子蛋白链。因此，利用超声波辅助碱浸提等电点沉淀技术制备花生分离蛋白，可提高蛋白分子在碱浸提溶液中的溶解度，有利于分离蛋白的溶出，从而提高浸提效率。

二、花生分离蛋白制备技术

花生分离蛋白制备工艺流程如图 1 所示。

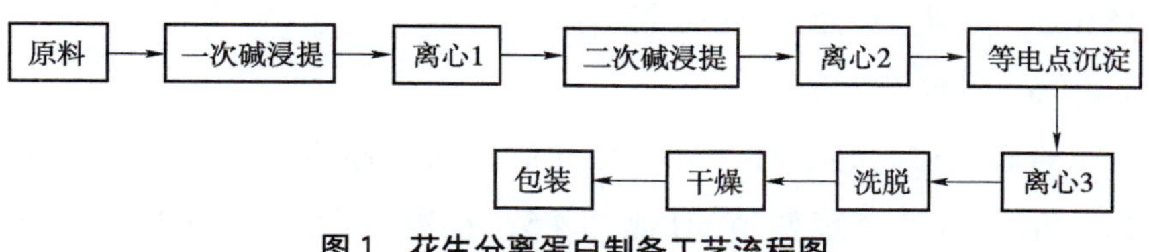

图 1　花生分离蛋白制备工艺流程图

1. 花生分离蛋白制备技术工艺

（1）原料

脱脂花生粕经粉碎机粉碎并过 50 目筛，取筛下的花生粕粉作为原料。

（2）一次碱浸提

花生粕粉投入到超声波萃取罐中，注入水，料液比（1∶16）～（1∶6），在温度 25 ℃、超声波功率 1 000 W、超声波频率 25 kHz 条件下，超声 5 min 使其成为均匀的混合溶液，用 1 mol/L 的 NaOH 溶液调节混合溶液 pH 值 7.5～10.5，在温度 25～50 ℃、超声波功率 600～1 000 W、超声波频率 25 kHz 条件下碱浸提 10～60 min。

（3）离心 1

将一次碱浸提混合液放入离心机，在 4 000 r/min 条件下离心 15 min，保留上清液，沉淀用作二次浸提用原料。

（4）二次碱浸提

离心 1 的沉淀投入到超声波萃取罐中，注入水，料液比 1∶8，在温度 25 ℃、超声波功率 1 000 W、超声波频率 25 kHz 条件下，超声 5 min 使之成为均匀的混合溶液，用 1 mol/L 的 NaOH 溶液调节混合溶液 pH 值 9.5，在温度 45 ℃、超声波功率 1 000 W、超声波频率 25 kHz 条件下碱浸提 30 min。

（5）离心 2

将二次碱浸提混合液放入离心机，在 4 000 r/min 条件下离心 15 min，保留上清液，弃去沉淀。

（6）等电点沉淀

离心 1 和离心 2 的上清液合并后投入到超声波萃取罐中，用 1 mol/L 的 HCl 溶液调节 pH 值为 4.5，在温度 25 ℃、超声波功率 1 000 W、超声波频率 25 kHz 条件下等电点沉淀反应 30 min。

（7）离心 3

将等电点沉淀混合液放入离心机，在 4 000 r/min 条件下离心 15 min，弃去上清液，保留沉淀。

（8）洗脱

向离心 3 步骤的沉淀中加入水，充分搅拌 10 min，在 4 000 r/min 条件下离心 15 min，弃去上清液，保留沉淀，此步骤重复 3 次。

（9）干燥

洗脱的沉淀放入真空干燥机中，在 0.098～0.1 MPa、温度 20～30℃条件下干燥 4～6 h。

（10）包装

产品包装标志花生分离蛋白含量、生产日期等，产品包装储运图示应符合 GB/T 191—2008 的规定。包装建议采用全自动包装方式。

2. 花生分离蛋白的氨基酸、蛋白含量（表 1）

表 1　花生分离蛋白中蛋白和氨基酸的含量

名称	含量/%	名称	含量/%	名称	含量/%
门冬氨酸（Asp）	11.8	谷氨酸（Glu）	21.0	丝氨酸（Ser）	4.83
甘氨酸（Gly）	4.52	组氨酸（His）	1.43	精氨酸（Arg）	11.7
苏氨酸（Thr）*	2.30	丙氨酸（Ala）	3.68	脯氨酸（Pro）	4.11
酪氨酸（Tyr）**	3.74	缬氨酸（Val）*	3.70	蛋氨酸（Met）*	0.96
胱氨酸（Cys）**	1.65	异亮氨酸（Ile）*	3.01	亮氨酸（Leu）*	6.45
苯丙氨酸（Phe）*	4.98	赖氨酸（Lys）*	3.40	色氨酸（Trp）*	0.43
总必需氨基酸量	25.23	氨基酸总量	93.7	蛋白	92.34

注：* 为人体必需氨基酸，** 为半必需氨基酸。

3. 花生分离蛋白的扫描电镜（SEM）图像（图 2）

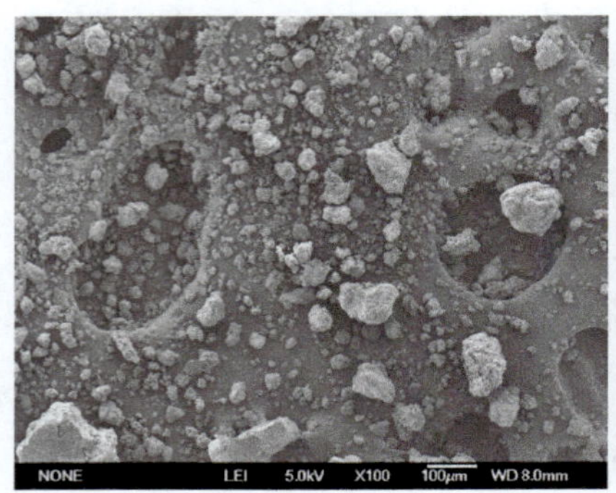

图 2　花生分离蛋白 SEM 图像

5

微波辅助花生分离蛋白糖基化改性技术

一、糖基化改性花生分离蛋白介绍

在碱溶解等电点沉淀制备花生分离蛋白时，酸和碱易引起花生蛋白轻微变性，影响花生分离蛋白的功能性质。糖基化反应是食品加工和储藏的一种常见反应，通过糖基化反应制备糖接枝花生分离蛋白，其具有很好的乳化活性和乳化稳定性。

二、糖基化改性花生分离蛋白制备技术

糖基化改性花生分离蛋白制备工艺流程如图 1 所示。

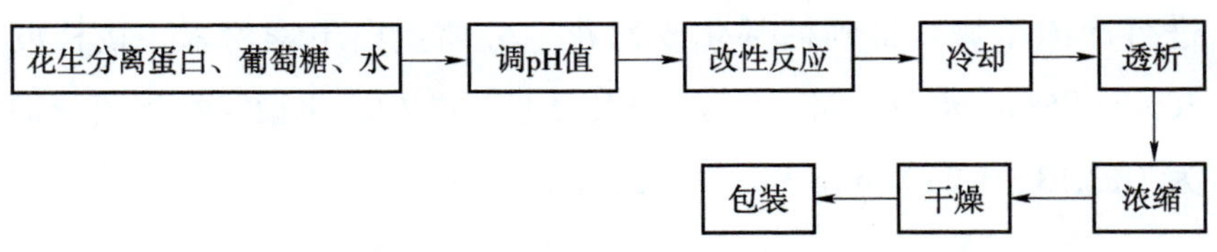

图 1　糖基化改性花生分离蛋白制备工艺流程图

1. 花生分离蛋白、葡萄糖、水

将花生分离蛋白和葡萄糖投入到微波反应容器中，投入量分别为反应液体积的 0.5%～2% 和 1%～3%，再加入水，搅拌 10 min，使其成为均匀的混合溶液。

2. 调 pH 值

用 1.0 mol/L 的 NaOH 溶液调节混合液 pH 值 7.0～9.5。

3. 改性反应

在微波功率 500～1 000 W、反应液温度 50～80℃条件下进行改性反应 5～20 min。

4. 冷却

改性反应结束后，立即用冷却水将反应液温度降至 25℃。

5. 透析

冷却的反应液倒入透析设备中，在 4℃透析 24 h，得到花生分离蛋白糖基化改性溶液。

6. 浓缩

花生分离蛋白糖基化改性溶液在真空度 0.1 Pa、温度 40℃条件下真空蒸发浓缩，得到花生分离蛋白糖基化改性浓缩液。

7. 干燥

花生分离蛋白糖基化改性浓缩液在 −30℃冷冻，然后用冷冻干燥机进行干燥，设定干燥温度为 −55℃，真空度为 0.1 Pa 以下，进行冷冻干燥，得到糖基化改性花生分离蛋白干燥粉末，接枝度 50%～75%，水分含量＜3%，乳化活性指数和乳化稳定性指数分别为（63.13 ± 1.23）m^2/g 和（49.51 ± 1.19）%。

8. 包装

产品包装标志糖基化改性花生分离蛋白接枝度、生产日期等，产品包装储运图示应符合 GB/T 191—2008 的规定。包装建议采用全自动包装方式。

6

微波辅助花生分离蛋白磷酸化改性技术

一、磷酸化改性花生分离蛋白介绍

花生分离蛋白（peanut protein isolate，PPI）是以低变性脱脂花生蛋白粉为原料，经碱浸提等电点沉淀处理得到的组分较均一、功能特性较强的蛋白质。其主要成分为花生球蛋白（Arachin，14S）和伴花生球蛋白（Conarachin，7.8S 和 2S）。花生分离蛋白磷酸化就是有选择地利用蛋白质侧链活性基团，如 Ser、Thr、Tyr 的 -OH 及 Lys 的 ε-NH_2、His 的咪唑环的 1,3 位 N、Arg 的胍基末端 N，分别接进一个磷酸根基团，从而大量引进磷酸根基团，使得蛋白质分子表面负电荷数增加，加强蛋白质的水化作用，使其在食品体系中不容易聚集在一起，提高其溶解性，并有利于蛋白质在水油界面上的扩散和吸附，降低了水油界面的张力，在一定程度上提高了蛋白质的乳化活性。磷酸根离子为所有生物代谢所必需，必须由膳食中取得，所以蛋白质的磷酸化改性是一种较实用、有效的方法。用三聚磷酸钠（STP）对蛋白质进行改性是安全可行的，其也是 FDA 允许使用的食品添加剂。采用 STP 对食品蛋白质进行磷酸化改性，可同时改善食品蛋白质的功能特性和营养特性，且不影响食品蛋白的消化率。微波辅助磷酸化改性可以克服传统的磷酸化改性方法的改性时间相对较长、原料预处理能耗大等缺点，通过强化传热、传质的过程，提高磷酸化改性的速度、效率及质量，具有广阔的应用前景。

二、磷酸化改性花生分离蛋白制备技术

磷酸化改性花生分离蛋白制备工艺流程如图1所示。

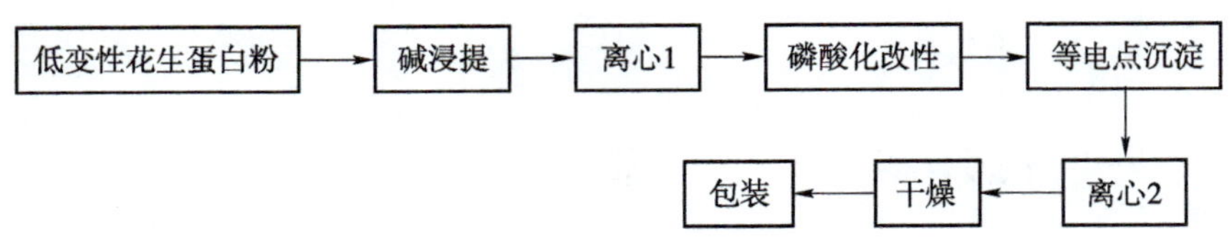

图1　磷酸化改性花生分离蛋白制备工艺流程图

1. 磷酸化改性花生分离蛋白制备技术工艺

（1）低变性花生蛋白粉

脂肪含量小于1%的低变性花生蛋白粉投入微波反应容器中，投入量为反应液体积的10%，再加入水，搅拌10 min，用1.0 mol/L的NaOH溶液调节反应混合液pH值为9.0。

（2）碱浸提

装有反应混合液的微波反应容器放入微波合成/萃取仪中，在微波功率1 000 W、温度45℃条件下，碱浸提10 min。

（3）离心1

碱浸提混合液在4 000 r/min条件下离心15 min，保留上清液，弃去沉淀。

（4）磷酸化改性

离心1的上清液放入微波反应容器，用1.0 mol/L的NaOH溶液调节pH值为7.5～10.0，加入反应液体积的2%～12%的三聚磷酸钠，搅拌10 min使成为均匀的混合溶液，在微波合成/萃取仪中，

微波功率 600～1 000 W、温度 25～50℃条件下，磷酸化改性反应 1～6 min。

（5）等电点沉淀

磷酸化改性反应结束后，用 1.0 mol/L 的 HCl 溶液调节反应混合溶液 pH 值为 4.0，在微波合成 / 萃取仪中，微波功率 1 000 W、温度 40℃条件下，等电点沉淀反应 10 min。

（6）离心 2

等电点沉淀反应混合液在 4 000 r/min 条件下离心 15 min，保留沉淀，弃去上清液。

（7）干燥

离心 2 的沉淀放入真空干燥机中，在 0.098～0.1 MPa、温度 20～30℃条件下干燥 4～6 h。

（8）包装

产品包装标志磷酸化改性花生分离蛋白磷酸化程度、生产日期等，产品包装储运图示应符合 GB/T 191—2008 的规定。包装建议采用全自动包装方式。

2. 磷酸化改性花生分离蛋白中的氨基酸、蛋白、部分微量元素含量（表 1）

表 1　磷酸化改性花生分离蛋白中的氨基酸、蛋白和部分微量元素的含量

名称	含量	名称	含量	名称	含量
门冬氨酸（Asp）/%	10.7	谷氨酸（Glu）/%	18.3	丝氨酸（Ser）/%	4.34
甘氨酸（Gly）/%	3.77	组氨酸（His）/%	2.04	精氨酸（Arg）/%	10.4
苏氨酸（Thr）*/%	2.21	丙氨酸（Ala）/%	3.51	脯氨酸（Pro）/%	3.82

续表

名称	含量	名称	含量	名称	含量
酪氨酸（Tyr）**/%	3.56	缬氨酸（Val）*/%	3.61	蛋氨酸（Met）*/%	0.54
胱氨酸（Cys）**/%	1.08	异亮氨酸（Ile）*/%	2.80	亮氨酸（Leu）*/%	5.84
苯丙氨酸（Phe）*/%	4.72	赖氨酸（Lys）*/%	2.88	色氨酸（Trp）*/%	0.35
总必需氨基酸量 /%	22.95	氨基酸总量 /%	84.5	蛋白 /%	90.06
钙 /（mg/kg）	18.4	钾 /（mg/kg）	4.0	铜 /（mg/kg）	4.7
锌 /（mg/kg）	1.7	铁 /（mg/kg）	18.1	硒 /（mg/kg）	0.30
锰 /（mg/kg）	3.0	/	/	/	/

注：* 为人体必需氨基酸，** 为半必需氨基酸。

3. 磷酸化改性花生分离蛋白的扫描电镜（SEM）图像（图 2）

图 2　磷酸化改性花生分离蛋白 SEM 图像

4. 磷酸化改性花生分离蛋白的结构表征（图 3）

红外光谱（FTIR）分析：从图 3A 可以看出，花生分离蛋白（PPI）的 FTIR 谱图在微波辅助磷酸化改性前后非常相似；只有几个特征峰发生了变化。这表明磷酸化修饰只影响某些氨基酸残基。可以发现经微波辅助磷酸化改性后的 PPI 在 2 936.99 cm^{-1} 的特征峰强度要低于原蛋白质。ν（O-H）带通常出现在 3 300 cm^{-1}～2 900 cm^{-1} 的范围内。因此，Ser 或 Thr 残基的羟基参与了微波辅助磷酸化修饰反应。在 939.15 cm^{-1} 和 453.37 cm^{-1} 处出现了两个新的特征吸收峰。通过 FTIR 分析，在 1 100 cm^{-1}～920 cm^{-1} 范围内观察到了一些（PO_4^{3-}）强的振动吸收峰。因此，可以推断出 939.15 cm^{-1} 处的 FTIR 吸收峰可能归属于磷酸基团。FTIR 也证明了磷酸化赖氨酸残基的存在，其吸收峰出现在 453.37 cm^{-1}，这是由于赖氨酸在 460 cm^{-1}～390 cm^{-1} 范围内出现了 ν（P-N）的特征峰。总之，微波辅助磷酸化改性反应的本质是 Ser 和 Thr 羟基以及 Lys 氨基的磷酸化。

X- 射线衍射（XRD）分析：图 3B 显示了磷酸化改性花生分离蛋白（PMPP）和 PPI 的 XRD 谱图。XRD 是目前用于晶体结构分析的主要方法，可以用来研究蛋白质晶体结构在物理和化学处理前后的变化。衍射强度和衍射角（2θ）与晶粒尺寸有关：晶粒尺寸越小，衍射强度越低，衍射角越大。从图 3B 可以看出，在 PMPP 和 PPI 的 XRD 图谱中，出现了两个峰，2θ 值分别约为 10° 和 20°。2θ=10° 称为结晶区 I，2θ=20° 称为结晶区 Ⅱ。然而，PMPP 和 PPI 的两个衍射角区域略有不同。发现 PMPP 的两个衍射峰相对于 PPI 的 XRD 图谱移动到了更高的角度。这些结果表明，经过磷酸化改性后，PPI 的晶粒尺寸变小了。这可能是因为在磷酸化修饰下，蛋白质分子中形成了新的化学键。这会破坏蛋白质分子的有序排列，降低整体刚性，从而导致晶体尺寸变小。

热重（TG）分析：在TG分析中，随着温度的升高，材料样品会发生相应的变化，包括水分的蒸发、结晶水的流失、低分子易挥发物质的释放以及材料的氧化分解。热解温度与材料本身有关，这意味两种物质会有完全不同的热解温度。相比之下，由于蛋白质分子的主链相同，PPI和PMPP之间不会出现显著的热解温度差异。PPI和PMPP的TG曲线（图3C）非常相似；它们显示出两个明显的失重过程。PPI在第一个失重阶段的失重率为3.01%，对应的终止温度范围为18.61～223.59℃，第二个失重阶段的失重率为43.94%，终止温度为378.71℃。PMPP的两个失重率分别为3.03%和44.02%，对应的终止温度分别为217.73℃和372.04℃。PPI和PMPP的第一次失重终温均在220℃左右，主要是蛋白分子失水。第二次失重的可能原因是蛋白质热分解并随后挥发，在熔点处失去大部分重量。当温度约为450℃时，PPI的失重率（54.85%）小于PMPP的失重率（55.85%）。这个结果表明PPI的热稳定性大于PMPP。所有这些结果都表明，随着温度的升高，磷酸基团很容易从PMPP主链上断裂下来。因此，PMPP的分解温度低于PPI。

差热分析（DTA）：图3D提供了PPI和PMPP在10℃/min升温速率下的DTA曲线。DTA曲线上PPI和PMPP的第一个吸热峰145.14℃和148.88℃与TG曲线上第一个失重过程相对应，即脱去结晶水。根据DTA曲线中第二个吸热峰出现在TG曲线中第二个失重阶段之前，推断DTA曲线中第二个吸热峰是蛋白质熔融过程造成的。PPI的初始熔化温度和熔化峰温度分别为262.17℃和263.23℃，PMPP的初始熔化温度和熔化峰温度分别为250.99℃和253.12℃。DTA曲线中PPI（305.74℃）和PMPP（274.81℃）的放热峰对应于TG曲线的第二个失重过程，即蛋白质分子骨架的大规模降解。

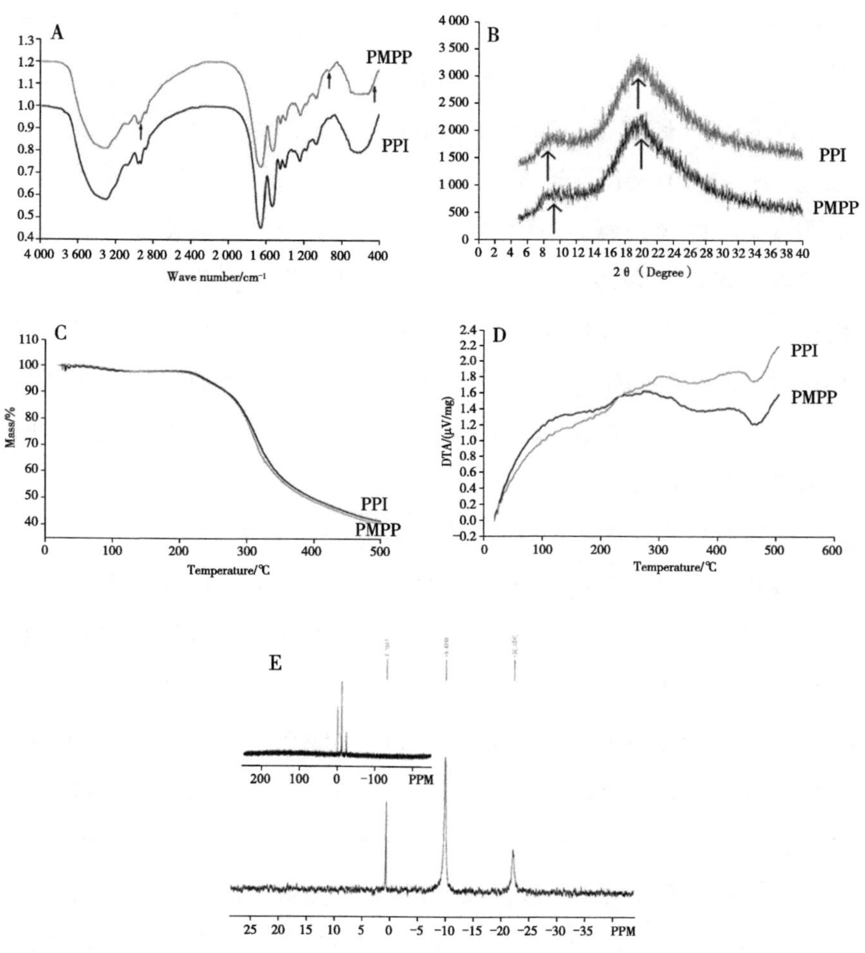

A—傅里叶红外光谱（FTIR）；B—X-衍射光谱（XRD）；C—热重分析（TG）；D—差热分析（DTA）；E—核磁共振-^{31}P谱（NMR-^{31}P）。

图3　磷酸化改性花生分离蛋白（PMPP）和花生分离蛋白（PPI）的结构表征图谱

核磁共振（NMR）分析：图3E中PMPP的^{31}P-NMR谱在$\delta=-22.156\times10^{-6}$、$\delta=0.750\times10^{-6}$和$\delta=-9.826\times10^{-6}$处显示了3个峰。三聚磷酸钠（STP）的中间磷原子直接与一个羟基相连，其电子受到羟基引起的微弱亲电效应的影响。由于磷酸基团的电子云密度较大，使得中间原子核的磁屏蔽效应增强。因此，这条线会向高场方向移动，化学位移减小。这使得高场峰位于 $\delta = -22.156 \times 10^{-6}$ 处，归属于 STP 的中间磷酸根。在正常情况下，有机磷酸二酯的化学位移范围是 $\delta = -0.107 \times 10^{-6}$ 至 $\delta = 2.195 \times 10^{-6}$。因此，化学位移为 $\delta = 0.750 \times 10^{-6}$ 的峰归属为磷酸二酯，这是 STP 与丝氨酸或苏氨酸残基的羟基和赖氨酸残基的氨基之间的磷酸酯化反应产生的。有机多磷酸盐的 α-P 化学位移为 $\delta = -8.833 \times 10^{-6}$ 至 $\delta = -9.449 \times 10^{-6}$。当羟基存在时，PMPP 的原子核电子密度和屏蔽效应有所增加，因为羟基具有弱的 α-P 吸电子效应。因此，将谱图中 $\delta = -9.826 \times 10^{-6}$ 的峰归属于磷氧酯的 α-P 峰。

5. 磷酸化改性花生分离蛋白的功能性质（图 4）

等电点（pI）分析：PPI 和 PMPP 的吸光值（OD 值）随 pH 值的变化情况如图 4A 所示。两种蛋白质的 pH 值与 OD 值之间的关系曲线呈钟形。在各个 pH 值，PMPP 的 OD 值显著小于 PPI 的 OD 值（$p < 0.01$），因此 PMPP 溶解度高于 PPI。PMPP 和 PPI 的最大 OD 值分别在 pH 值 3.5～4.0 和 pH 值 4.5～5.0 处，它们的等电点在这两个 pH 值范围内。这表明 PMPP 的 pI 相比 PPI 有了更大的改善。磷酸化改性后，蛋白质分子中引入了磷酸基团，使得蛋白质分子表面的电负性增加，等电点降低。当 PMPP 处于 pH 值＜3 和 pH 值＞6 时，以及 PPI 处于 pH 值＜2 和 pH 值＞8 时，它们的 OD 值逐渐降低，这表明它们的溶解性良好。当溶液 pH 值接近蛋白质的等电点时，蛋白质表面的正负电荷相等，导致蛋白质聚集，溶解度减小，OD 值最大。PMPP 的适用 pH 范围大于 PPI（pH 值＜2 和 pH 值＞8）。这意味着 PMPP 在食品加工中的应用比 PPI 更广泛。

溶解度分析：PPI 和 PMPP 的溶解度如图 4B 所示。除了在 pH 值 3 和 pH 值 4 下 PMPP 的溶解度小于 PPI 外，PMPP 在其他 pH 值的溶解度显著大于 PPI（$p < 0.01$）。因此，PMPP 的溶解度 pH 值范围比 PPI 的溶解度 pH 值范围更宽。这意味着在植物蛋白饮料生产中，PMPP 的应用效果将优于 PPI，因为普通植物蛋白饮料的 pH 值为 6.0～7.0。因此，PMPP 的溶解性在这方面比 PPI 有了显著提高。当 PPI 处于 pH 值 3～8 和 PMPP 处于 pH 值 2～6 时，溶解度先减小后增大。PPI 的最低溶解度出现在 pH 值 5 处，而 PMPP 的最低溶解度出现在 pH 值 4 处。蛋白质是两亲性分子，在等电点时分子表面的正负电荷相等，处于电中性状态。亲水性和带电残基产生的水合斥力远小于蛋白质之间的疏水相互作用。因此，在等电点时，蛋白质的溶解度最低并发生聚集。当 pH 值远离 pI 时，蛋白质分子表面会带有更多的正负电荷。亲水性和水合排斥力可以克服疏水相互作用，使 PPI 和 PMPP 保持高溶解性。

乳化性质分析：不同 pH 值下 PPI 和 PMPP 的乳化活性指数（EAI）和乳化稳定性指数（ESI）见图 4C。在 pH 值 2～12 的范围内，PPI 和 PMPP 的 EAI 值先下降后上升，分别在 pH 值 5 处和 pH 值 4 处出现最低点。然而，当 PMPP 处于 pH 值＜4 和 pH 值＞6 时，PMPP 的 EAIs 表现更好。PMPP 的乳化能力优于 PPI，因为在每个 pH 值下，PMPP 的 EAI 都显著大于 PPI，尤其是在 pH 值 4 时（$p < 0.01$）。在此之后，PMPP 的 ESIs 在 2～12 的 pH 值范围内显著优于 PPI（$p < 0.01$），随着 pH 值的变化，溶解蛋白表面的电荷发生变化，其乳化能力也随之变化。蛋白质的溶解度在等电点附近最低，吸附在油水界面的蛋白质比例也最少，因此在该 pH 值下乳液界面面积和 EAI 也最小。在形成静态乳状液的过程中，由于在等电点处没有静电斥力，蛋白质乳状液在油 - 水界面进一步排列。同时，油水界面的积累可以促进高弹性膜的形成，防止油滴聚集和上浮，从而提高 ESI。在 pH 值 9～12 范围内，蛋白质分子之间的静电斥力增加，

蛋白质膜增厚。所有这些都更有利于形成油包水状态，因此 EAI 显著增加。蛋白质的溶解性在乳化中起着重要作用。一种具有良好的溶解性的蛋白质是一种良好的乳化剂，因为蛋白质在油 - 水界面上的膜稳定性取决于蛋白质 - 油相和蛋白质 - 水相之间的相互作用。在分析溶解度的实验中，PMPP 的溶解度优于 PPI。因此，PMPP 的乳化效果优于 PPI。食品蛋白 (如酵母蛋白、醇溶蛋白、大豆蛋白和花生蛋白) 的磷酸化可以提高其乳化活性。因此，从乳化性来看，PMPP 在植物蛋白饮料中的应用一定优于 PPI。而乳化分析有利于植物蛋白饮料的生产实践。

起泡性质分析：PPI 和 PMPP 的起泡性能如图 4D 所示。PPI 和 PMPP 的起泡能力先下降后上升，分别在 pH 值 5 和 pH 值 4 时达到最低。在 pH 值 2～12 范围内，除了 pH 值 4、10、11 和 12 外，PMPP 在其他 pH 值下的起泡能力显著高于 PPI（$p<0.01$）。泡沫稳定性先增加后降低。在 pH 值 9 和 11 除外的每个 pH 值下，PMPP 的泡沫稳定性显著高于 PPI（$p<0.01$）。总的来说，PMPP 的起泡性能优于 PPI。蛋白质在等电点附近明显的相互排斥作用与蛋白质在界面上的相互作用以及随后形成的厚膜相竞争。此外，由于界面与蛋白质之间存在排斥力，吸附在界面的蛋白质数量减少，蛋白质的起泡能力降低。当 pH 远离 pI 时，部分肽链可以铺展在界面上，通过肽链之间的相互作用（分子内和分子间）形成二维保护网络，从而加强界面并促进和稳定泡沫。

持水性（WHC）分析：不同蛋白浓度下 PPI 和 PMPP 的 WHC 如图 4E 所示。在每种蛋白质浓度下，PMPP 的 WHC 值都显著高于 PPI（$p<0.01$）。随着蛋白质浓度的增加，两种蛋白质的 WHC 值都下降了，尽管总体而言，PMPP 的 WHC 大于 PPI。磷酸基团和其他极性基团可以与水分子相互作用促进蛋白质的水化，因此 PMPP 具

有较高的 WHC。然而，PPI 的极性小于 PMPP，水与 PPI 的相互作用远小于与 PMPP 的相互作用。因此，PPI 的持水能力小于 PMPP。

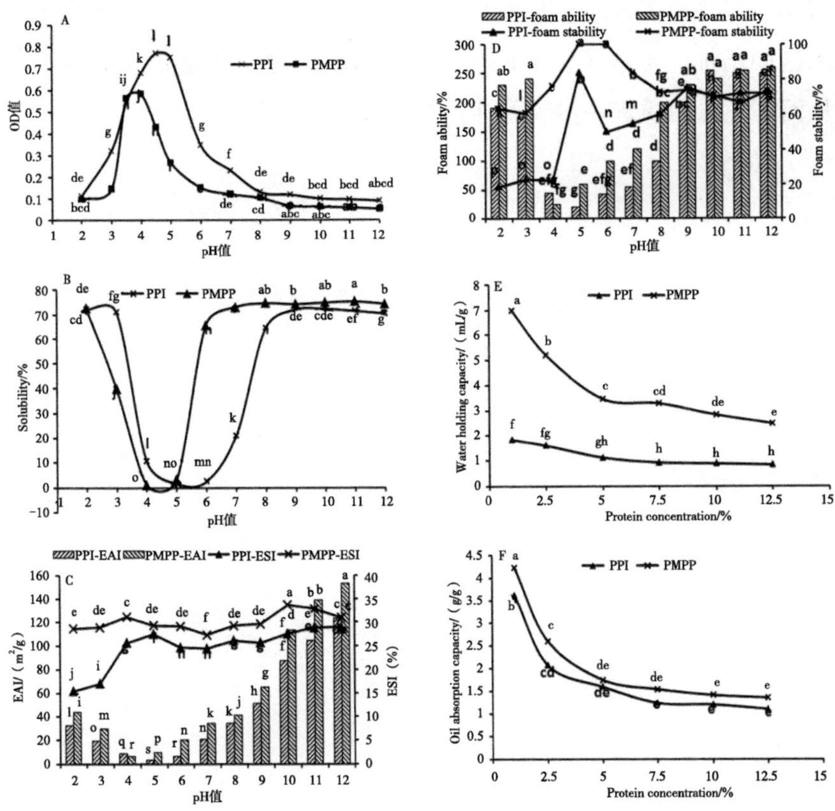

A—等电点；B—溶解度；C—乳化活性；D—起泡性；E—持水性；F—吸油性。

图 4　磷酸化改性花生分离蛋白（PMPP）和花生分离蛋白（PPI）的功能性质

吸油性（OAC）分析：不同蛋白质浓度下 PPI 和 PMPP 的 OACs 如图 4F 所示。对于两种蛋白质，随着蛋白质浓度的增加，OAC 呈下降趋势。总体而言，PMPP 的 OAC 大于 PPI，因为在 1%、2.5% 和 7.5% 的蛋白质浓度下，PMPP 的 OAC 值显著大于 PPI（$p<0.01$）。OAC 值是衡量蛋白质吸附油能力的指标，它可以反映蛋白质的疏水

性。在蛋白质吸附油的过程中可以形成蛋白质 - 油复合物。磷酸化反应后，蛋白质分子构象改变，部分疏水基团暴露。因此，PMPP 的疏水相互作用和 OAC 大于 PPI。当蛋白质浓度增加时，蛋白质侧链疏水基团增加，形成了更多的蛋白质 - 油复合物。这会导致立体效应，从而防止蛋白质进一步吸附油，并导致 OAC 降低。

7

磷酸化改性花生分离蛋白膜和蛋白 - 多肽膜制备技术

一、磷酸化改性花生分离蛋白膜和蛋白 - 多肽膜介绍

花生分离蛋白是采用碱溶解等电点沉淀方法从花生饼粕中提取出来的纯度在 90% 以上的蛋白。花生分离蛋白分子中存在着氢键、疏水相互作用和离子键等化学作用力，可作为生物膜材料制备成蛋白膜用于保鲜或可食性膜包装材料。由于在制备过程中使用酸碱溶液，花生分离蛋白的溶解性、乳化性、持水性等功能性质下降，限制了在蛋白膜中的应用。近年来，为了改善花生分离蛋白的功能性质，采用改性技术获得功能性质良好的改性花生分离蛋白产品。磷酸化改性是一种重要的改性方法，三聚磷酸钠改性蛋白质是安全可行的，可同时改善食品蛋白质的功能特性和营养特性，且不影响食品蛋白的消化率。在改性过程中，花生分离蛋白分子构象发生变化，多肽链伸展，原本在分子内部的含硫氨基酸和芳香族氨基酸暴露出来，提高了改性蛋白的巯基含量和表面疏水性；且改性蛋白分子的离子键消失，氢键含量减少，疏水相互作用增大。在成膜过程中，暴露于分子表面的巯基形成二硫键，可形成致密的膜结构。花生分离蛋白改性后的这些变化将有利于成膜并提高蛋白膜强度、延伸性和耐水性。可以预见，以磷酸化改性花生分离蛋白为基质的蛋白膜

的功能性质也会优于花生分离蛋白膜。花生蛋白经酶解得到花生多肽，具有抗氧化活性、抑菌性、抑制α-葡萄糖苷酶活性等特性。花生多肽溶解性高，性质稳定，与磷酸化改性花生分离蛋白制备成蛋白复合膜，可以使蛋白膜具有抗氧化或抑菌新性能。以磷酸化改性花生分离蛋白为原料制备蛋白膜或蛋白-多肽膜，为磷酸化改性花生分离蛋白的应用提供一种新途径。

二、磷酸化改性花生分离蛋白膜和蛋白-多肽膜制备技术

磷酸化改性花生分离蛋白膜和蛋白-多肽膜制备工艺流程如图1所示。

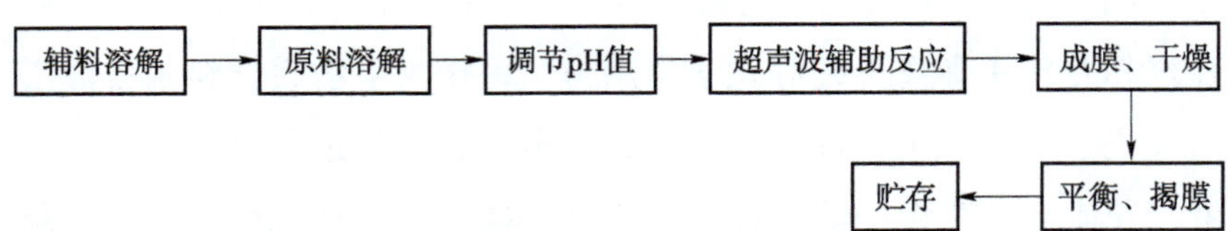

图1　磷酸化改性花生分离蛋白膜和蛋白-多肽膜制备工艺流程图

1. 磷酸化改性花生分离蛋白膜和蛋白-多肽膜制备技术工艺

（1）辅料溶解

磷酸化改性花生分离蛋白膜：在超声波萃取罐中加入水和黄原胶，黄原胶百分含量（占蛋白）为0.8%～5.0%，在温度25℃、超声波功率1 000 W、超声波频率25 kHz条件下超声辅助溶解10 min，使其成为均匀的混合溶液。

磷酸化改性花生分离蛋白-多肽膜：在超声波萃取罐中加入多肽溶液和黄原胶，多肽浓度20～100mg/mL，黄原胶百分含量（占蛋白）为0.5%～3.0%，在温度25℃、超声波功率1 000 W、超声波频

率 25 kHz 条件下超声辅助溶解 10 min，使其成为均匀的混合溶液。

（2）原料溶解

磷酸化改性花生分离蛋白膜：将磷酸化改性花生分离蛋白和甘油投入超声波萃取罐中，磷酸化改性花生分离蛋白的浓度为 2%～12%，甘油百分含量（占蛋白）为 20%～30%，在温度 25℃、超声波功率 1 000 W、超声波频率 25 kHz 条件下超声辅助溶解 10 min，使其成为均匀的混合溶液。

磷酸化改性花生分离蛋白 - 多肽膜：将磷酸化改性花生分离蛋白和甘油投入超声波萃取罐中，磷酸化改性花生分离蛋白的浓度为 6%～16%，甘油百分含量（占蛋白）为 12%～18%，在温度 25℃、超声波功率 1 000 W、超声波频率 25 kHz 条件下超声辅助溶解 10 min，使其成为均匀的混合溶液。

（3）调节 pH 值

调节混合溶液的 pH 值为 8.0～9.0。

（4）超声波辅助反应

在温度 50～75 ℃、超声波功率 500～1 000 W、超声波频率 25 kHz 条件下超声辅助反应 10～60 min。

（5）成膜、干燥

将反应液在平板上延展平铺成膜，70℃热风干燥 1～6 h。

（6）平衡、揭膜

平板置于盛有饱和溴化钠溶液（相对湿度 58%）的干燥器内，25℃放置 48 h 后揭膜。

（7）贮存

磷酸化改性花生分离蛋白膜和蛋白 - 多肽膜均在室温下，密封袋中贮存。

2. 磷酸化改性花生分离蛋白膜和蛋白－多肽膜功能性质和抗氧化活性

花生分离蛋白经过磷酸化改性，其氨基酸侧链的丝氨酸或苏氨酸残基的羟基和赖氨酸残基的氨基与磷酸根基团发生了磷酸酯化反应，从而改变了蛋白分子空间构象，使疏水性氨基酸暴露于分子表面。花生分离蛋白的巯基含量为 7.63 μM/（g 蛋白），当磷酸化改性花生分离蛋白成膜时，一部分疏水性氨基酸又相互结合形成二硫键，巯基含量减少。由于磷酸化改性花生分离蛋白膜的二硫键增多，改善了其拉伸强度、断裂延伸率、水蒸气迁移率、吸水率、溶解性、透光率等功能性质。磷酸化改性花生分离蛋白 - 多肽膜和磷酸化改性花生分离蛋白膜的功能性质的差异在于成膜过程中位于分子表面的部分巯基相互结合形成二硫键。另外，膜中加入 C 端富含疏水性氨基酸的多肽，也增加了二硫键形成的概率，从而使得磷酸化改性花生分离蛋白 - 多肽膜巯基含量小一些。小分子多肽的加入，有利于与甘油、黄原胶形成致密的交联产物。首先，这些产物可以填充蛋白分子链之间的空间并阻止链间氢键的形成，减弱蛋白分子之间的相互作用力，提高分子链活动性，改善膜的强度和柔韧性，增大磷酸化改性花生分离蛋白 - 多肽膜的抗拉强度和断裂延伸率。其次，这些产物提高磷酸化改性花生分离蛋白 - 多肽膜结构的规整性，降低水蒸气透过率。最后，制备膜的过程中，甘油参与了交联产物的反应，使得磷酸化改性花生分离蛋白 - 多肽膜中游离的甘油含量相对减少，甘油吸收并保留水分的能力相对减弱，降低了磷酸化改性花生分离蛋白 - 多肽膜的水分含量。由于小分子多肽易溶于水，在测定溶解性时作为可溶性固形物被提取出来，所以磷酸化改性花生分离蛋白 - 多肽膜的溶解性较大。磷酸化改性花生分离蛋白 - 多肽膜具有抗氧化活性，区别于花生蛋白复合膜要添加壳聚糖和肉桂精油等花生蛋白以外的成分才具有抑菌作用，这更便于蛋白膜的生产（表 1、表 2）。

表 1　磷酸化改性花生分离蛋白膜和蛋白－多肽膜功能性质

功能性质	磷酸化改性花生分离蛋白膜	磷酸化改性花生分离蛋白 - 多肽膜
厚度 /μm	70 ± 1	88 ± 2
吸水率 /%	45.4 ± 1.6	43.1 ± 1.2
透光率 /%	49.8 ± 1.4	52.4 ± 1.5
拉伸强度 /MPa	8.24 ± 0.26	9.62 ± 1.11
断裂延伸率 /%	98.45 ± 6.61	101.68 ± 10.52
水分含量 /%	11.95 ± 0.75	10.52 ± 0.34
溶解性 /%	42.65 ± 1.71	47.69 ± 1.52
水蒸气透过率 /［g/（m^2h）］	9.06 ± 0.54	6.95 ± 0.88
巯基含量 /［μM/（g 蛋白）］	3.95 ± 0.18	2.14 ± 0.12

表 2　磷酸化改性花生分离蛋白膜和蛋白－多肽膜抗氧化活性

抗氧化活性	序号	R^2	回归方程	IC_{50}/（mg/mL）
DPPH 自由基清除活性	1	0.998 9	$y = -0.294\ 5x^2 + 10.258x - 11.533$	7.70
	2	0.995 9	$y = -0.060\ 3x^2 + 3.964x + 6.5$	13.92
羟自由基清除活性	1	0.995 4	$y = -0.042\ 1x^2 + 6.240\ 1x + 14.177$	5.98
	2	0.996 6	$y = -0.071\ 5x^2 + 5.146\ 7x + 13.607$	7.95
超氧阴离子自由基清除活性	1	0.995 5	$y = -0.195\ 4x^2 + 8.517\ 1x + 17.6$	4.20
	2	0.993 5	$y = -0.205\ 4x^2 + 9.373\ 3x + 1.89$	5.89
铁离子螯合力活性	1	0.991 3	$y = -0.150\ 6x^2 + 7.293\ 9x + 24.49$	3.79
	2	0.998 6	$y = -0.225\ 6x^2 + 8.685\ 2x + 11.819$	5.06

续表

抗氧化活性	序号	R^2	回归方程	IC_{50}/（mg/mL）
铜离子螯合力活性	1	0.992 7	$y = 0.185\ 8x^2 + 0.437\ 6x + 9.64$	13.61
	2	0.996 1	$y = 0.020\ 8x^2 + 2.222\ 2x - 3.210\ 3$	20.15
脂质过氧化抑制活性	1	0.997 9	$y = -0.002\ 7x^2 + 3.837\ 7x + 17.127$	8.62
	2	0.997 4	$y = 0.032\ 8x^2 + 2.047\ 3x + 25.104$	10.42
铁还原力	1	0.999 3	$y = -0.000\ 2x^2 + 0.035\ 9x + 0.038\ 7$	13.93
	2	0.997 2	$y = -0.000\ 4x^2 + 0.047\ 6x - 0.262\ 6$	19.08
钼还原力	1	0.995 1	$y = -0.000\ 6x^2 + 0.061\ 1x + 0.182\ 8$	5.49
	2	0.997 2	$y = 0.000\ 2x^2 + 0.029\ 3x + 0.027\ 8$	14.65

注：序号 1 和序号 2 分别为磷酸化改性花生分离蛋白 - 多肽膜和磷酸化改性花生分离蛋白膜。

8

微生物固态发酵热榨花生粕制备抗氧化肽技术

一、花生抗氧化肽介绍

花生为豆科一年生草本植物，含有25%～36%的蛋白质和10%～23%的碳水化合物。花生籽仁提取油脂后剩余深褐色的小块状或粉末状的副产物称为花生粕，是一种大宗蛋白质和多糖资源。由于榨油过程中的热变性使得花生粕的营养价值下降，通常用作家畜饲料或肥料，产品附加值低，资源浪费严重。花生粕中的蛋白质经水解后可得到活性短肽，具有清除自由基、螯合金属离子、抑制脂质过氧化等抗氧化作用。目前，蛋白质水解产生蛋白肽产品通常有3种方法：酸水解法、蛋白酶水解法和微生物发酵法。酸法水解蛋白，氨基酸受损严重，水解难控制而较少应用；蛋白酶水解法可大量生产含有生物活性肽的粗酶解物，但用于水解反应的蛋白酶的种类少，不能很好地降解蛋白，使制取的生物活性肽苦味不能根本脱除，从而影响产品口感；微生物发酵法（液体发酵法和固体发酵法）具有发酵周期短、降低生物活性肽的生产成本等优点，具有广阔的发展前景。相比于液态发酵法，固态发酵法的优势非常明显。首先，用于固态发酵的菌种的种类更多、工艺过程更为简化；其次，固态发酵法可以实现更大规模生产，花生蛋白肽产量更大，制备花

生蛋白肽的生产成本明显降低；第三，固态发酵过程中基本无对环境造成污染的废物产生。微生物固态发酵过程中能分泌多种蛋白酶，将大分子蛋白水解为蛋白肽，同时，蛋白酶还可以水解除去花生蛋白中的胰蛋白酶抑制剂等抑制因子和凝集素等抗营养因子。固态发酵花生粕蛋白产品在花生抗氧化活性蛋白肽、高营养生物饲料、食品酿造专用蛋白基料中具有广泛的应用。

二、微生物固态发酵热榨花生粕制备抗氧化肽技术

微生物固态发酵热榨花生粕制备抗氧化肽技术工艺流程如图 1 所示。

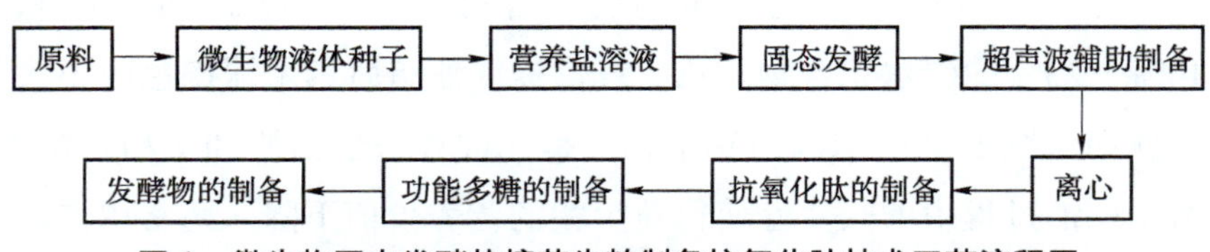

图 1　微生物固态发酵热榨花生粕制备抗氧化肽技术工艺流程图

1. 微生物固态发酵热榨花生粕制备抗氧化肽技术工艺

（1）原料

热榨花生粕粉碎过 50 目筛，取筛下物作为原料，121 ℃灭菌 20 min。

（2）微生物液体种子

乳酸菌固态发酵热榨花生粕工艺：MRS 液体培养基中接入活化的乳酸菌菌种，菌种接入量为 2 环 /100 mL 培养基，在 37℃、160 r/min 条件下培养 15 h，即菌种数约为 10^8 个 /mL 时，即可用于固态发酵试验。

酿酒酵母固态发酵热榨花生粕工艺：YPD 液体培养基中接入活化的酿酒酵母菌种，菌种接入量为 4 环 /100 mL 培养基，在 25℃、

160 r/min 条件下培养 24 h，即菌种数约为 10^8 个 /mL 时，即可用于固态发酵试验。

黑曲霉固态发酵热榨花生粕工艺：PDA 液体培养基中接入活化的黑曲霉菌种，菌种接入量为 4 环 /100 mL 培养基，在 30℃、静置条件下培养 35 h，即菌种数约为 10^8 个 /mL 时，即可用于固态发酵试验。

米曲霉固态发酵热榨花生粕工艺：PDA 液体培养基中接入活化的米曲霉菌种，菌种接入量为 4 环 /100 mL 培养基，在 30℃、静置条件下培养 84 h，即菌种数约为 10^8 个 /mL 时，即可用于固态发酵试验。

枯草芽孢杆菌固态发酵热榨花生粕工艺：LB 液体培养基中接入活化的枯草芽孢杆菌菌种，菌种接入量为 4 环 /100 mL 培养基，在 30℃、静置条件下培养 20 h，即菌种数约为 10^8 个 /mL 时，即可用于固态发酵试验。

（3）营养盐溶液

0.5% 的（NH_4）$_2SO_4$、0.5% 的 KH_2PO_4、1% 的尿素、1% 的葡萄糖，定容至 1 000 mL，121℃灭菌 15 min。

（4）固态发酵

乳酸菌固态发酵热榨花生粕工艺：热榨花生粕粉中加入 25 mL/100 g 花生粕粉的乳酸菌液体种子和 125 mL/100 g 花生粕粉的营养盐溶液，搅拌均匀，在 35℃温度下密闭静置发酵 60 h，每隔 12 h 搅拌 1 次。

酿酒酵母固态发酵热榨花生粕工艺：热榨花生粕粉中加入 20 mL/100 g 花生粕粉的酿酒酵母液体种子和 75 mL/100 g 花生粕粉的营养盐溶液，搅拌均匀，在 30℃温度下静置发酵 72 h，每隔 12 h 搅拌 1 次。

黑曲霉固态发酵热榨花生粕工艺：热榨花生粕粉中加入5 mL/100 g 花生粕粉的黑曲霉液体种子和 75 mL/100 g 花生粕粉的营养盐溶液，搅拌均匀，在 30℃温度下静置发酵 36 h，每隔 12 h 搅拌1 次。

米曲霉固态发酵热榨花生粕工艺：热榨花生粕粉中加入26.5 mL/100 g 花生粕粉的米曲霉液体种子和 130 mL/100 g 花生粕粉的营养盐溶液，搅拌均匀，在 33℃温度下静置发酵 38 h，每隔 12 h 搅拌 1 次。

枯草芽孢杆菌固态发酵热榨花生粕工艺：热榨花生粕粉中加入19 mL/100 g 花生粕粉的枯草芽孢杆菌液体种子和 81.5 mL/100 g 花生粕粉的营养盐溶液，搅拌均匀，在 45℃温度下静置发酵 41 h，每隔12 h 搅拌 1 次。

米曲霉和酿酒酵母混合固态发酵热榨花生粕工艺：米曲霉和酿酒酵母菌种比例 1 ∶ 2，热榨花生粕粉中加入 15 mL/100 g 花生粕粉的米曲霉和酿酒酵母混合液体种子和 150 mL/100 g 花生粕粉的营养盐溶液，搅拌均匀，在 33℃温度下静置发酵 42 h，每隔 12 h 搅拌1 次。

（5）超声波辅助条件下制备花生肽、多糖和发酵物

乳酸菌固态发酵热榨花生粕工艺：发酵结束后将乳酸菌固态发酵体系物质投入到超声波萃取罐中，加入 450 mL/100 g 花生粕粉的水，在温度 53℃、超声波功率 1 000 W、超声波频率 25 kHz 条件下超声 46 min。

酿酒酵母固态发酵热榨花生粕工艺：发酵结束后将酿酒酵母固态发酵体系物质投入到超声波萃取罐中，加入 515 mL/100 g 花生粕粉的水，在温度 49℃、超声波功率 900 W、超声波频率 25 kHz 条件下超声 51 min。

黑曲霉固态发酵热榨花生粕工艺：发酵结束后将黑曲霉固态发酵体系物质投入到超声波萃取罐中，加入624 mL/100 g花生粕粉的水，在温度56℃、超声波功率1 000 W、超声波频率25 kHz条件下超声53 min。

米曲霉固态发酵热榨花生粕工艺：发酵结束后将乳酸菌固态发酵体系物质投入到超声波萃取罐中，加入487 mL/100 g花生粕粉的水，在温度46℃、超声波功率800 W、超声波频率25 kHz条件下超声64 min。

枯草芽孢杆菌固态发酵热榨花生粕工艺：发酵结束后将枯草芽孢杆菌固态发酵体系物质投入到超声波萃取罐中，加入450 mL/100 g花生粕粉的水，在温度52℃、超声波功率1 000 W、超声波频率25 kHz条件下超声105 min。

米曲霉和酿酒酵母混合固态发酵热榨花生粕工艺：发酵结束后将米曲霉和酿酒酵母混合固态发酵体系物质投入到超声波萃取罐中，加入565 mL/100 g花生粕粉的水，在温度53℃、超声波功率1 000 W、超声波频率25 kHz条件下超声46 min。

（6）离心

各个工艺超声结束后，热榨花生粕液态混合物在4 000 r/min条件下离心15 min。

（7）抗氧化肽的制备

步骤（6）离心后的沉淀用于制备花生粕发酵物，得到的上清液在65℃条件下真空旋转蒸发浓缩至步骤（5）中的工艺要求，加入水体积的1/8得到浓缩液，然后在浓缩液中加入4倍于浓缩液体积的无水乙醇，搅拌均匀，室温下静置12 h，得到上清液和黏稠沉淀（此沉淀用于制备功能多糖）。上清液经真空抽滤得到抽滤液，在65℃条件下真空旋转蒸发浓缩得到浓缩液，浓缩液经10 kDa和5 kDa超

滤膜二级超滤，保留透过液得到分子量小于 5 kDa 的抗氧化肽溶液，冷冻干燥，将干燥物粉碎得到分子量小于 5 kDa 的抗氧化肽粉末产品。

（8）功能多糖的制备

步骤（7）离心后的黏稠沉淀加入沸水并保持 100℃使之溶解，真空抽滤得到抽滤液，在抽滤液中加入 4 倍于抽滤液体积的无水乙醇，搅拌均匀，室温下静置 12 h，弃去上清液，得到黏稠沉淀，冷冻干燥，将干燥物粉碎得到功能多糖粉末产品。

（9）发酵物的制备

步骤（6）离心后的沉淀冷冻干燥，将干燥物粉碎得到花生粕发酵物粉末产品。

2. 微生物固态发酵花生粕制备的抗氧化肽（分子量小于 5 kDa）、功能多糖和花生粕发酵物的抗氧化活性（表 1）

表 1　微生物固态发酵制备的抗氧化肽（分子量小于 5 kDa）、功能多糖和花生粕发酵物的抗氧化活性

	序号	回归方程	R^2	IC_{50}/（mg/mL）
DPPH 自由基清除率	1	$y=-1.456\,8x^2+22.219x-0.647\,2$	0.999 0	2.79
	2	$y=-2.004\,5x^2+28.777x-1.577\,1$	0.994 6	2.10
	3	$y=-1.516\,8x^2+21.606x+7.255\,9$	0.992 6	2.37
	4	$y=-1.379\,6x^2+21.715x-1.109\,9$	0.998 9	2.88
	5	$y=-1.485\,2x^2+22.264x-0.027\,2$	0.998 6	2.75
	6	$y=-1.210\,2x^2+20.987x+4.163\,8$	0.997 0	2.56
	7	$y=-0.457\,9x^2+13.977x-1.721\,4$	0.998 2	4.31
	8	$y=-1.200\,2x^2+19.125x+19.236$	0.991 4	1.82
羟自由基清除率	1	$y=2.598\,7x^2-27.265x+39.106$	0.997 7	0.26
	2	$y=2.252\,6x^2+2.717\,6x+8.395\,3$	0.999 9	3.74

续表

	序号	回归方程	R^2	IC_{50}/（mg/mL）
羟自由基清除率	3	$y=-6.1728x^2+42.539x-6.5497$	0.999 0	1.80
	4	$y=-0.6418x^2+10.305x+16.028$	0.990 5	4.63
	5	$y=-2.1521x^2+22.632x+9.1743$	0.993 7	2.31
	6	$y=-2.1839x^2+32.572x-24.555$	0.992 4	2.82
	7	$y=-10.784x^2+63.632x+13.795$	0.987 4	0.64
	8	$y=-0.4686x^2+13.244x+6.9326$	0.998 7	3.75
超氧阴离子自由基清除率	1	$y=-1.2472x^2+18.481x+21.088$	0.996 0	1.78
	2	$y=-3.082x^2+22.534x+20.734$	0.992 6	1.69
	3	$y=-1.6956x^2+25.737x-6.2006$	0.996 4	2.64
	4	$y=-0.7697x^2+12.035x+36.442$	0.995 8	1.22
	5	$y=-1.0687x^2+16.789x+2.0365$	0.997 5	3.75
	6	$y=-2.9775x^2+24.782x+31.27$	0.996 5	0.84
	7	$y=-0.7168x^2+13.326x+31.508$	0.994 6	1.51
	8	$y=-36.089x^2+120.29x-6.4993$	0.977 9	0.57
抗脂质体过氧化抑制率	1	$y=0.1172x^2+14.457x-3.2582$	0.990 7	3.58
	2	$y=-1.8005x^2+11.866x+35.776$	0.999 0	1.58
	3	$y=-1.1732x^2+17.956x+0.0433$	0.999 0	1.58
	4	$y=-1.2227x^2+19.029x-4.4311$	0.994 0	3.78
	5	$y=-1.4116x^2+20.427x-2.9036$	0.996 0	3.38
	6	$y=-0.7943x^2+12.098x+13.654$	0.997 3	4.12
	7	$y=-1.4515x^2+20.449x-2.1251$	0.995 2	3.34
	8	$y=-0.0067x^2+4.2687x+5.4067$	0.997 9	10.62
铁还原力	1	$y=-0.0039x^2+0.0928x+0.006$	0.997 7	8.04
	2	$y=-0.0061x^2+0.1326x-0.0192$	0.998 6	5.12
	3	$y=-0.0088x^2+0.1583x+0.0097$	0.992 8	3.98

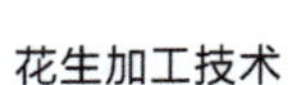

续表

	序号	回归方程	R^2	IC_{50}/（mg/mL）
铁还原力	4	$y=-0.004\ 8x^2+0.103\ 8x-0.001\ 3$	0.997 8	7.28
	5	$y=-0.009\ 2x^2+0.158\ 7x-0.023\ 2$	0.996 6	4.44
	6	$y=-0.003\ 6x^2+0.130\ 3x-0.009\ 5$	0.998 6	4.46
	7	$y=0.001\ 7x^2+0.041\ 3x-0.063\ 7$	0.995 9	9.74
	8	$y=-0.002\ 7x^2+0.112x+0.012\ 8$	0.994 1	4.94
钼还原力	1	$y=-0.005\ 3x^2+0.243\ 3x+0.003\ 7$	0.999 7	2.14
	2	$y=-0.010\ 8x^2+0.453\ 4x-0.091\ 9$	0.999 2	1.35
	3	$y=0.011x^2+0.249\ 2x+0.234$	0.999 7	1.02
	4	$y=-0.014\ 2x^2+0.308\ 5x-0.021\ 9$	0.997 7	1.85
	5	$y=0.001x^2+0.312\ 5x+0.221\ 2$	0.998 3	0.89
	6	$y=-0.009\ 1x^2+0.430\ 8x+0.008$	0.999 0	1.17
	7	$y=0.045\ 9x^2+0.155\ 7x+0.221\ 2$	0.999 5	1.30
	8	$y=-0.004\ 8x^2+0.148\ 2x+0.258\ 5$	0.982 4	1.73
铁离子螯合力	1	$y=-3.698\ 8x^2+27.711x+42.217$	0.992 3	0.29
	2	$y=-4.755\ 8x^2+34.735x+5.427\ 2$	0.999 8	1.66
	3	$y=-0.886\ 1x^2+13.962x+24.093$	0.993 0	2.15
	4	$y=-0.745\ 6x^2+11.59x+49.563$	0.992 8	0.04
	5	$y=-1.078x^2+16.059x+24.355$	0.991 5	1.82
	6	$y=-0.225\ 8x^2+2.086\ 3x+47.53$	0.998 5	1.39
	7	$y=-0.898x^2+11.871x+30.87$	0.992 3	1.88
	8	$y=-0.338\ 7x^2+8.574\ 3x+13.675$	0.990 4	5.38
铜离子螯合力	1	$y=-23.529x^2+137.25x-57.843$	0.997 6	0.94
	2	$y=-4.852\ 8x^2+51.879x-10.509$	0.997 3	1.33
	3	$y=-3.681\ 3x^2+57.331x-7.060\ 7$	0.995 7	3.66

续表

	序号	回归方程	R^2	IC_{50}/（mg/mL）
铜离子螯合力	4	$y=-11.74x^2+79.128x-14.191$	0.995 3	0.94
	5	$y=-6.321\,7x^2+60.801x-25.613$	0.997 5	1.47
	6	$y=-0.472\,4x^2+8.810\,3x+27.523$	0.998 6	3.05
	7	$y=-3.001\,2x^2+29.943x+20.97$	0.993 7	1.09
	8	$y=-1.127\,1x^2+21.003x-3.000\,2$	0.985 4	3.01

注：序号 1 为酿酒酵母固态发酵工艺制备的抗氧化肽；序号 2 为黑曲霉固态发酵工艺制备的抗氧化肽；序号 3 为乳酸菌固态发酵工艺制备的抗氧化肽；序号 4 为枯草芽孢杆菌固态发酵工艺制备的抗氧化肽；序号 5 为米曲霉固态发酵工艺制备的抗氧化肽；序号 6 为米曲霉和酿酒酵母混合菌种固态发酵工艺制备的抗氧化肽；序号 7 为米曲霉和酿酒酵母混合菌种固态发酵工艺制备的功能多糖；序号 8 为米曲霉和酿酒酵母混合菌种固态发酵工艺制备的花生粕发酵物。

3. 米曲霉和酿酒酵母混合菌种固态发酵工艺制备的花生粕发酵物的氨基酸和部分微量元素的含量（表 2）

热榨花生粕（HDPM）和热榨花生粕发酵物（FHDPM）的氨基酸和部分微量矿物质分析结果见表 2。与 HDPM 相比，FHDPM 的总氨基酸含量增加了 11.88%。FHDPM 中 18 种氨基酸含量均高于 HDPM，其中蛋氨酸、组氨酸和苏氨酸含量增加最多，分别为 5.00%、47.83% 和 32.04%。与 HDPM 相比，FHDPM 中理想蛋白质模型的 12 种氨基酸（精氨酸、组氨酸、异亮氨酸、亮氨酸、赖氨酸、蛋氨酸、蛋氨酸 + 半胱氨酸、苯丙氨酸、苯丙氨酸 + 酪氨酸、苏氨酸、色氨酸、缬氨酸）含量提高了 14.44%。此外，必需氨基酸总量增加了 15.62%。硒、锌和铜的水平分别提高了 70.59%、51.89% 和 48.21%，钾是发酵后唯一低于 HDPM 的微量元素。由米曲霉和酿酒酵母产生的蛋白酶将花生蛋白水解成较小的蛋白质和多肽。此外，米曲霉和酿酒酵母在发酵过程中生长繁殖，它们本身也是优质的蛋白质来源。有研究发现，酿酒酵母发酵液是仔猪饲料中良好的营养蛋白替代品，因为它含有 50%～60% 的蛋白质、游离氨基酸和活性肽成分。可以推断，米曲霉和酿酒酵母的增殖也会增加 FHDPM 中氨基酸含量。这些因素共同提高了 FHDPM 中氨基酸的含量。

表 2　热榨花生粕和花生粕发酵物中蛋白、氨基酸和部分微量元素的含量

名称	热榨花生粕	发酵物	名称	热榨花生粕	发酵物
门冬氨酸（Asp）/%	5.90	6.50	谷氨酸（Glu）/%	10.5	11.4
丝氨酸（Ser）/%	2.55	2.88	甘氨酸（Gly）/%	3.25	3.45
组氨酸（His）/%	0.92	1.36	精氨酸（Arg）/%	5.77	6.00
苏氨酸（Thr）*/%	1.03	1.36	丙氨酸（Ala）/%	2.02	2.37
脯氨酸（Pro）/%	2.16	2.46	酪氨酸（Tyr）**/%	1.64	1.96
缬氨酸（Val）*/%	1.96	2.30	蛋氨酸（Met）*/%	0.20	0.31
胱氨酸（Cys）**/%	0.69	0.81	异亮氨酸（Ile）*/%	1.56	1.79
亮氨酸（Leu）*/%	3.30	3.83	苯丙氨酸（Phe）*/%	2.47	2.79
赖氨酸（Lys）*/%	1.79	1.87	色氨酸（Trp）*/%	0.24	0.26
氨基酸总量 /%	48.0	53.7	总必需氨基酸总量 /%	13.23	14.51
蛋白 /%			钙 /（mg/kg）	1 497.4	1 679.8
钾 /（mg/kg）	12 839.2	8 080.2	铜 /（mg/kg）	16.8	24.9
锌 /（mg/kg）	55.7	84.6	铁 /（mg/kg）	109.8	142.5
硒 /（mg/kg）	0.17	0.29	锰 /（mg/kg）	75.3	80.9

4. 米曲霉和酿酒酵母混合菌种固态发酵工艺制备的花生粕发酵物的功能性质（图 2 至图 5）

FHDPM 和 HDPM 的溶解度、乳化活性指数（EAI）、乳化稳定性指数（ESI）、起泡性（FC）、泡沫稳定性（FS）、持水性（WHC）和吸油性（OAC）结果见图 2 至图 5。在溶解度实验中，在 pH 值 7～12 和 pH 值 2 时，FHDPM 的溶解度是 HDPM 的两倍多（图 2）。此外，除 pH 值 3 外，FHDPM 在 pH 值 4～6 范围内的溶解度也大于 HDPM。在 FHDPM 和 HDPM 的溶解度 –pH 曲线上，pH 值 12 的溶解度显著高于其他 pH 值（$p<0.05$）。有研究者用 3 种不同溶解度（52.4%、62.0% 和 71.8%）的发酵豆粕喂猪。与未发酵豆粕相比，具有更高的溶解性（71.8%）的发酵豆粕饲喂的猪的生理活性表现更好。研究结果表明，发酵豆粕中干物质、氮、异亮氨酸、苯丙氨酸、缬氨酸和赖氨酸的表回肠消化率以及粗蛋白、赖氨酸和异亮氨酸的标准回肠消化率均高于未发酵豆粕。可以预测，FHDPM 也可以作为一种优质饲料。

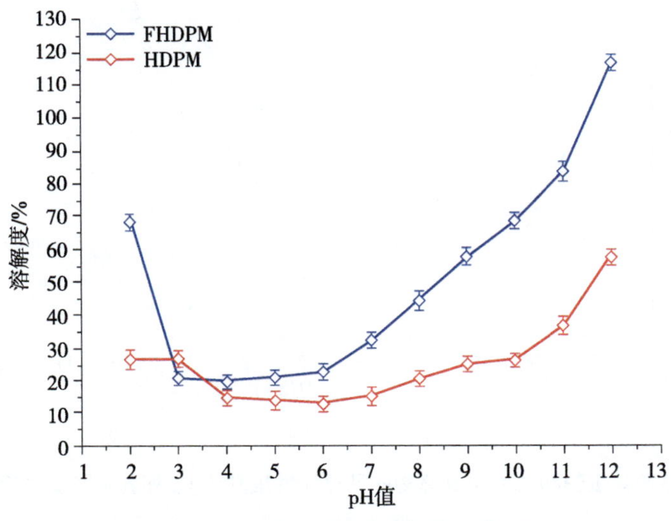

图 2　热榨花生粕和花生粕发酵物的溶解度

在乳化活性实验中，虽然在pH值2、pH值3、pH值10和pH值12时，HDPM的EAI高于FHDPM，但在所有其他pH值下，FHDPM的EAI均高于HDPM（图3a）。FHDPM在pH值11和pH值12的EAI显著高于其他pH值（$p<0.05$）。在pH值2~12范围内，FHDPM的ESI高于HDPM（图3b）。研究者通过枯草芽孢杆菌模拟大豆粕的自然发酵过程，获得了发酵大豆粕。结果表明，发酵豆粕的抗氧化活性、血管紧张素转换酶（ACE）抑制活性、乳化活性和稳定性、总氨基酸和必需氨基酸含量均高于未发酵豆粕。研究发现，FHDPM的体外抗氧化活性、乳化活性和稳定性以及总氨基酸和必需氨基酸含量均优于HDPM。发酵花生粕和发酵豆粕的研究结果一致，表明发酵可以改善植物饼粕的营养和理化特性。

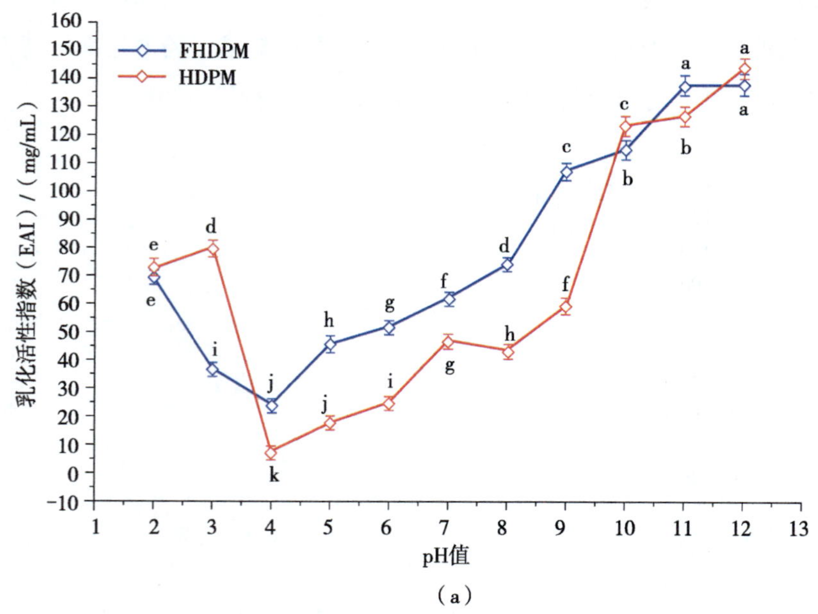

（a）

图3 热榨花生粕和花生粕发酵物的乳化活性指数（a）和乳化稳定性指数（b）

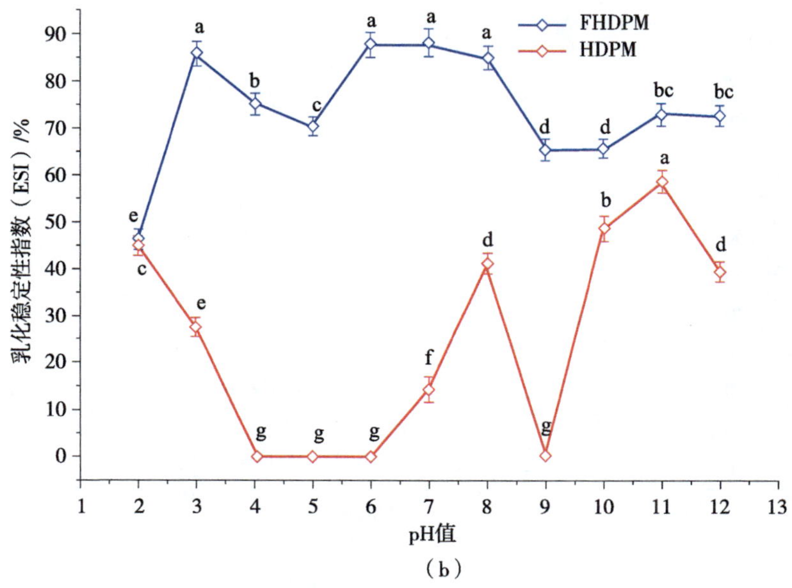

（b）

图 3　热榨花生粕和花生粕发酵物的乳化活性指数（a）和乳化稳定性指数（b）指数（续）

在 pH 值 5 下，FHDPM 的 FC 略小于 HDPM，但在所有其他 pH 值下，FHDPM 的 FC 都大于 HDPM。从图 4a 可以看出，FHDPM 在 pH 值 12 下的 FC 显著高于其他 pH 值下的 FC（$p < 0.05$）。在 pH 值 2 和 pH 值 9 时，FHDPM 的 FS 高于 HDPM，但总体而言，FHDPM 的 FS 低于 HDPM（图 4b）。HDPM 的 FS 在 pH 值 10 时显著高于其他 pH 值（$p < 0.05$）。有学者用紫红曲霉发酵热变性大豆粕，并测定了发酵大豆粕的营养成分、抗氧化活性和理化性质的变化。结果表明，与热变性大豆粕相比，发酵热变性大豆粕的多糖和氨基酸含量、抗氧化活性、乳化性和起泡能力显著提高。这些结果与发酵热榨花生粕的结果一致，表明使用米曲霉和酿酒酵母混合固态发酵后，热变性花生粕的营养、抗氧化活性和理化性质得到了改善。这些结果进一步表明，微生物发酵可以提高 HDPM 的质量并促进其高值化利用。

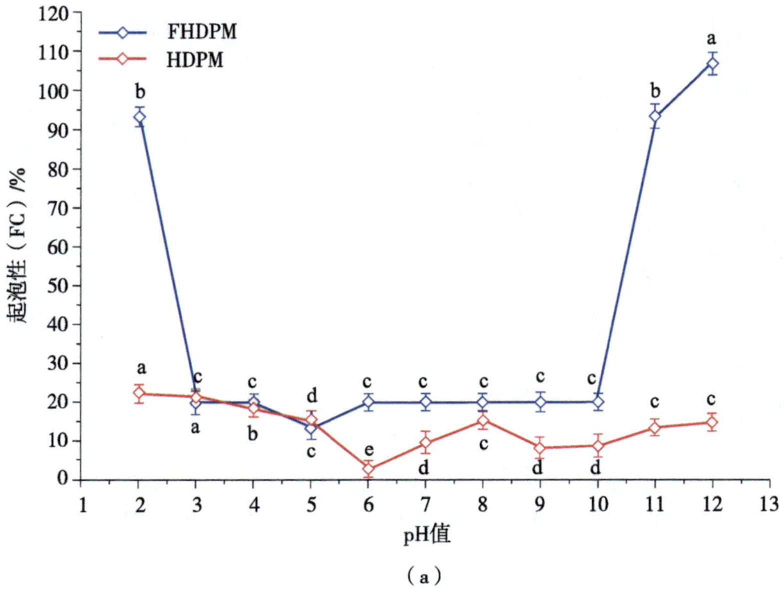

（a）

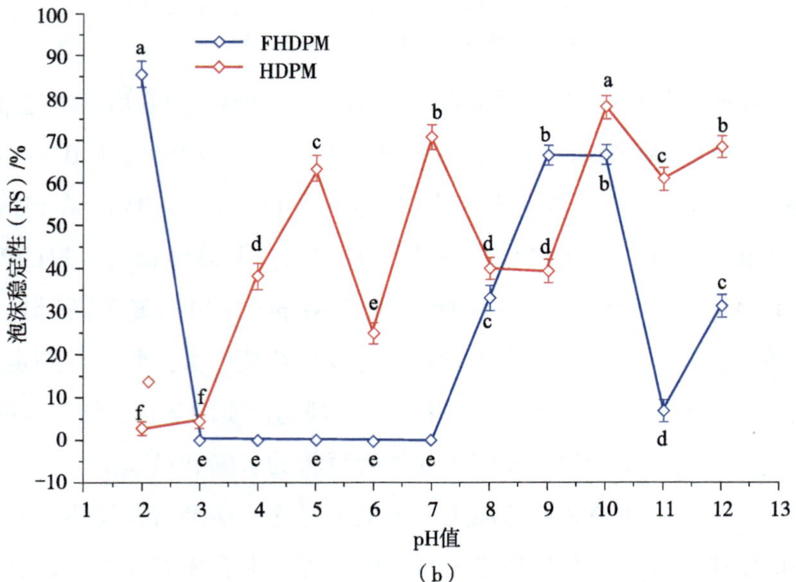

（b）

图 4　热榨花生粕和花生粕发酵物的起泡性（a）和泡沫稳定性（b）

在1%～12.5%的浓度范围内，FHDPM的WHC和OAC分别比HDPM高1.7～2.6倍和2.2～2.6倍（图5a，图5b）。在发酵过程中，米曲霉和酵母菌将HDPM水解成小蛋白、多肽、多糖和寡糖。蛋白质和多糖的结构发生了改变，FHDPM的理化性质得到了提高。当用酱油曲霉和无花果曲霉固态发酵菜籽粕时，发酵蛋白产品的分子量降低，颜色变浅，WHC增加，其研究结果与发酵的热榨花生粕一致。因此，微生物发酵技术是改善花生粕等植物性原料的理化特性、提高其加工特性和适口性，使其更广泛地应用的有效方法。

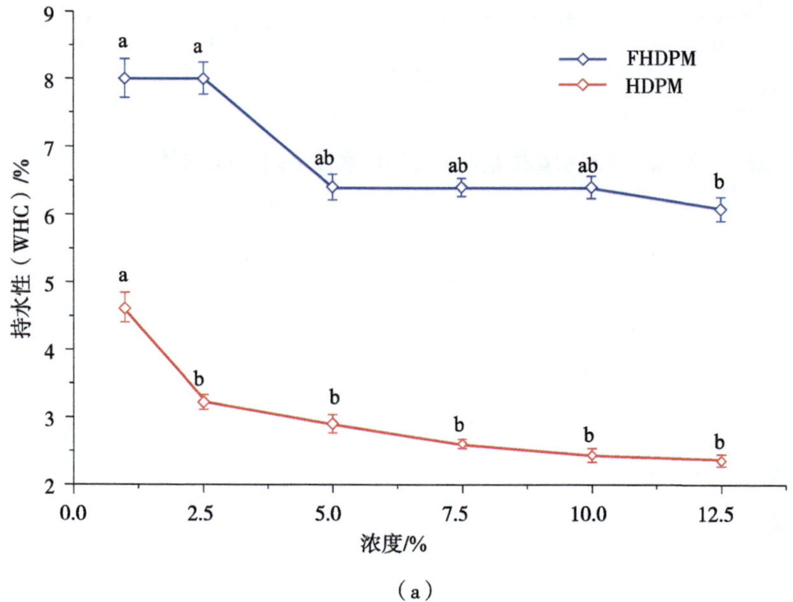

（a）

图5 热榨花生粕和花生粕发酵物的持水性（a）和吸油性（b）

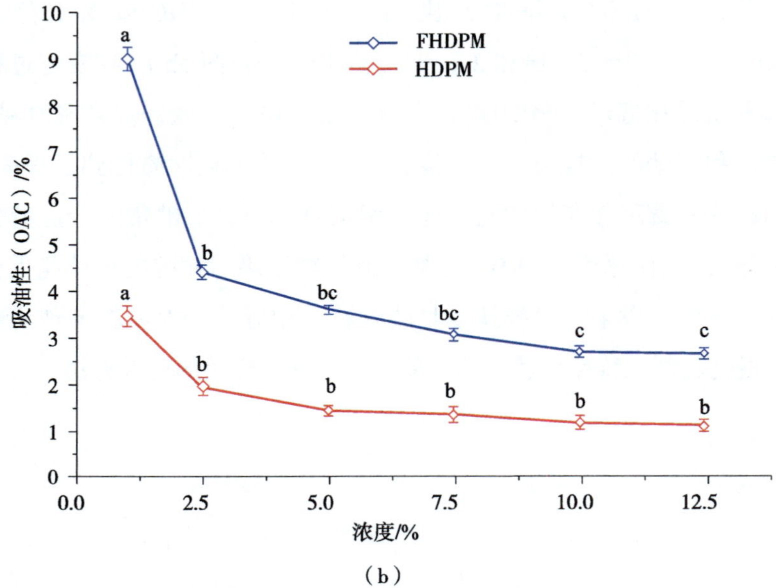

（b）

图 5　热榨花生粕和花生粕发酵物的持水性（a）和吸油性（b）（续）

9

超声波辅助酶解制备花生抗氧化肽技术

一、花生抗氧化肽介绍

人的衰老和许多疾病与自由基有关，食品在储运过程中易发生脂质氧化变质，因此，需要抗氧化剂来清除自由基和抑制脂质过氧化。由于合成抗氧化剂对人体健康存在潜在危害，人们逐渐把目光转向天然抗氧化剂。抗氧化肽具有清除各种自由基、抑制脂肪氧合酶活力和抑制脂质过氧化链式反应等抗氧化功效，能在一定程度上消除机体内多种生理功能障碍，延缓机体衰老，减少各种老年性疾病发生；还能阻止食品氧化变质，提高食品稳定性和延长食品贮藏期。因此，抗氧化肽成为近年来食品科学、营养学和预防医学等学科的研究热点之一。花生是世界上主要油料资源之一，其蛋白质含量为25%～36%，是一种营养价值较高的植物蛋白，生物价为58，含18种氨基酸，包括8种必需氨基酸。花生提取油脂后的副产品花生饼粕，年产量超过300万t，主要用于加工饲料，资源未得到充分利用。如果对其进一步深加工，将会产生很大的经济及社会效益。酶解花生饼粕制备抗氧化肽的研究及其产品开发不仅可以充分利用花生蛋白资源，而且可以拓展花生精深加工的领域。

二、花生抗氧化肽制备技术

花生抗氧化肽制备工艺流程如图 1 所示。

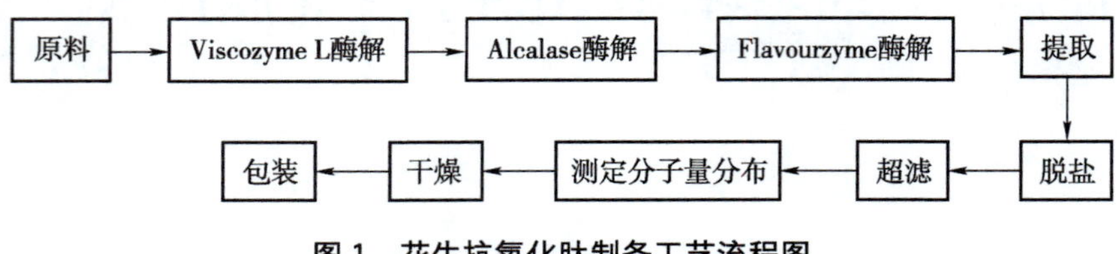

图 1　花生抗氧化肽制备工艺流程图

1. 花生抗氧化肽制备技术工艺

（1）原料

花生粕经粉碎机粉碎并过 50 目筛，取筛下的花生粕粉加入石油醚（沸程为 60～90℃），在 50℃回流除脂 6～8 h，回流结束后，花生粕粉抽滤除去石油醚，在干燥箱中 50℃烘干。

（2）Viscozyme L 酶解

花生粕粉投入超声波萃取罐中，注入水，使花生粕粉的浓度为 5%～15%，搅拌均匀，用 1 mol/L 的 HCl 溶液调节花生粕粉溶液的 pH 值为 4.0～6.0，加入 Viscozyme L，加酶量为酶解液体积的 1%～5%，在温度 40～60℃、超声波功率 500～1 000 W、超声波频率 25 kHz 条件下，超声波辅助 Viscozyme L 酶解 30～90 min。酶解结束后，在 4 000 r/min 条件下将酶解反应混合溶液离心 15 min，弃去上清液，保留沉淀。

（3）Alcalase 酶解

步骤（2）的花生粕粉沉淀投入超声波萃取罐中，注入水，使花生粕粉的浓度为 4%～10%，搅拌均匀，用 1 mol/L 的 NaOH 溶液调节花生粕粉混合溶液的 pH 值为 7.0～10.0，在温度 50～70℃、超声波功率 500～1 000 W、超声波频率 25 kHz 条件下，超声波辅助

Alcalase 酶解 40～70 min。

（4）Flavourzyme 酶解

步骤（3）酶解结束后，用 1 mol/L 的 HCl 溶液调节花生粕粉混合溶液的 pH 值为 5.0～7.0，在温度 30～50℃、超声波功率 500～1 000 W、超声波频率 25 kHz 条件下，超声波辅助 Flavourzyme 酶解 30～60 min。酶解结束后，将酶解反应液在沸水浴中灭酶 5 min，立刻在冷水浴中冷却。在 4 000 r/min 条件下将酶解反应液离心 15 min，弃去沉淀，保留上清液。

（5）提取

步骤（4）离心后的上清液在 65℃、真空条件下旋转蒸发浓缩，在浓缩液中加入 4 倍于浓缩液体积的无水乙醇，混合均匀，室温下静置 12 h，静置结束后，混合液抽滤，抽滤液在 70℃，真空条件下旋转蒸发浓缩，得到酶解液的浓缩液，并将浓缩液稀释为肽浓度 20mg/mL 的抗氧化肽粗提溶液。

（6）脱盐

用层析柱装满已经活化的 DA201-C 大孔树脂，在室温条件下加入步骤（5）抗氧化肽粗提溶液，以 1.2BV/h 的流速经过层析柱，用紫外检测器检测流出液在 220nm 处的吸光值 A_{220nm}，以 A_{220nm}= 0.05 为透过点。当吸光值达到 0.05 时，停止加入抗氧化肽粗提溶液。然后，用去离子水以 1.2BV/h 的流速洗涤层析柱。之后，用 75% 的乙醇溶液洗脱得到脱盐的抗氧化肽粗提溶液。将脱盐的抗氧化肽粗提溶液在 65℃，真空条件下旋转蒸发浓缩，得到脱盐的抗氧化肽粗提浓缩液。

（7）超滤

步骤（6）的脱盐的抗氧化肽粗提浓缩液稀释 5～8 倍，过 0.22 μm 滤膜，过滤液经过截留分子量为 10 kDa、5 kDa、3 kDa 和

1 kDa 超滤膜的四级超滤，保留 5 kDa、3 kDa 和 1 kDa 的截留液和 1 kDa 的透过液，再将各个截留液和透过液在 65℃，真空条件下旋转蒸发浓缩，使各种分子量段的抗氧化肽浓度均为 5 mg/mL，得到分子量＞5 kDa、3～5 kDa、1～3 kDa 和＜1 kDa 的 4 种抗氧化肽溶液。

（8）测定分子量分布

将溶菌酶（分子量 14 000）、胰岛素（分子量 5 808）、还原型谷胱甘肽（分子量 308.33）、氧化型谷胱甘肽（分子量 612.6）及维生素 B_{12}（分子量 1 355.37）作为分子量标准物质，配制成浓度为 5mg/mL 的溶液，取 5 mL 上 Sephadex G-15 凝胶柱，上柱速度为 0.5 mL/min，然后用三蒸水作为洗脱剂进行洗脱，洗脱速度为 1 mL/min，以 1 mL/min 收集洗脱液，在 220nm 处比色，得到分子量标准物质的洗脱曲线。确定出峰时间，制作分子量与出峰时间的标准曲线。再取浓度为 5mg/mL 的分子量＞5 kDa、3～5 kDa、1～3 kDa 和＜1 kDa 的 4 种抗氧化肽溶液各 5 mL 分别上 Sephadex G-15 凝胶柱，上柱速度为 0.5 mL/min，然后用三蒸水作为洗脱剂进行洗脱，洗脱速度为 1 mL/min，以 1 mL/min 收集洗脱液，在 220nm 处比色，得到各抗氧化肽溶液的洗脱曲线。根据标准曲线计算出抗氧化肽的分子量分布范围。

（9）干燥

花生抗氧化肽溶液在温度 -55℃条件下冷冻干燥 24 h。

（10）包装

产品包装标志花生抗氧化肽含量、生产日期等，产品包装储运图示应符合 GB/T 191—2008 的规定。包装建议采用全自动包装方式。

2. 花生抗氧化肽的分子量分布

分子量与出峰时间的标准曲线为 $y = -0.0039x + 71.603$（R^2= 0.991 3）（表 1）。根据 4 种分子量范围的抗氧化肽及由分子量标准物质所得到的标准曲线可知，1 kD 分子量段的抗氧化肽的分子量范围在 304.15～891.23；1～3 kD 的抗氧化肽的分子量范围在 904.15～2 741.54；3～5kD 的抗氧化肽的分子量范围在 3 102.98～4 319.41；＞5kD 的分子量抗氧化肽在 5 327.98～12 654.60。

表 1　分子量标准物质及出峰时间表

项目	溶菌酶	胰岛素	还原型 GSH	氧化型 GSH	维生素 B_{12}
分子量	14 000	5 808	308.33	612.6	1 355.37
出峰时间	18.12	47	64	70	73

3. 花生抗氧化肽的功能性质

（1）溶解性

花生蛋白及多肽的凝胶性、乳化性、持水性、发泡性等功能特性一般都需要在溶解时才能呈现出来，所以花生蛋白及多肽的溶解性对其应用有着重要的意义。不溶性的蛋白在食品中的应用是十分有限的，如表 2 所示，花生蛋白在 pH 值 4～5（等电点附近）的时候溶解性最小；在 pH 值 2～5 时，溶解性随着 pH 值的升高而降低；pH 值在 5～12 时，溶解性随着 pH 值的升高而升高。这是因为蛋白质是两性分子，在酸性介质中，蛋白质分子主要以正离子状态存在，互相排斥，分子分散性较好，溶解度较高，但随着 pH 值的升高，溶解度逐渐下降，在等电点时蛋白质以两性离子状态存在，溶解度变得很低；当 pH 值继续升高（超过其等电点时），蛋白质变成负离子，溶解度随着 pH 值的升高而升高。由实验结果可知

花生多肽的溶解性随 pH 值的变化趋势与花生蛋白是一样的，但与花生分离蛋白相比，花生肽在 pH 值 2～12 的范围内都保持着较高的溶解性（≥87%），这主要是因为花生肽为小分子的原因。且由表 2 可知花生多肽随着分子量的减小，溶解度变化不大，稍有增大的趋势。

表 2　不同分子量段多肽的不同 pH 值的溶解性结果

pH 值	花生肽氮溶指数 /%	分离蛋白	＞5 kDa 肽	3～5 kDa 肽	1～3 kDa 肽	＜1 kDa 肽
3	96.34	30.45	93.32	95.92	98.74	97.84
4	89.64	8.72	87.86	91.91	91.34	94.64
5	87.32	12.34	86.37	89.09	90.32	93.32
6	91.56	35.42	89.75	89.17	93.56	95.96
7	96.75	43.81	93.31	94.72	97.45	96.95
8	98.62	50.32	92.92	97.38	98.62	97.82
9	97.64	67.84	94.67	96.29	97.64	97.14
10	96.85	70.32	94.43	93.31	96.85	96.85
11	98.72	74.65	94.73	97.25	98.72	98.11

（2）吸水力及吸油力

由表 3 可知，不同温度下花生蛋白的吸水力及吸油力明显比花生多肽高，原因可能是花生肽的分子量较小，界面面积比较小，对油和水的吸附能力较弱。随着温度的升高，花生蛋白的吸水力及吸油力几乎不变，而花生肽的吸水力和吸油力都有所下降。随着分子量的变小，花生肽的吸水力和吸油力不断减小。

表 3　不同分子量段多肽的不同温度下吸水力及吸油力的测定结果

温度 / ℃	花生蛋白		花生多肽		＞5 kDa 肽		3～5 kDa 肽		1～3 kDa 肽		＜1 kDa 肽	
	吸水力	吸油力	吸水力	吸油力	吸水力	吸油力	吸水力	吸油力	吸水力	吸油力	吸水力	吸油力
20	3.01	2.76	1.89	1.33	2.17	2.05	1.99	1.33	1.77	1.14	0.93	0.67
40	3.12	2.54	1.74	1.12	2.49	2.14	1.76	1.12	1.56	1.07	0.98	0.63
60	3.31	2.63	0.87	0.94	2.11	2.43	0.72	0.94	0.92	0.89	1.09	0.56
80	3.14	2.81	0.65	0.86	2.17	1.97	0.85	0.86	0.95	0.66	1.07	0.72
100	2.99	2.54	0.64	0.76	1.98	1.74	0.71	0.76	0.81	0.56	0.97	0.54

（3）乳化性及乳化稳定性

由表 4 可以看出花生蛋白的乳化性比花生多肽的乳化性好，原因可能是蛋白质水解后疏水性残基暴露在蛋白质表面，降低了油水界面的张力，从而降低了其乳化能力。但是花生多肽的乳化性及乳化稳定性随着 pH 值的变化不大，花生蛋白在等电点时几乎没有乳化性和乳化稳定性，这主要是由于在等电点时花生蛋白的溶解性最小，有可能发生沉淀，随着花生多肽的分子量变小，花生多肽的乳化性和乳化稳定性变小，其中＞5 kDa 的多肽的乳化性和乳化稳定性比较突出，且不随着 pH 值的变化而发生很大的改变，因此＞5 kDa 的花生多肽更适合作为食品添加剂。

表 4　不同分子量段多肽的不同 pH 值下乳化性及乳化稳定性的测定结果

pH 值	花生蛋白		花生多肽		＞5 kDa 肽		3～5 kDa 肽		1～3 kDa 肽		＜1 kDa 肽	
	EAI	ESI	EAI	ESI	EAI	ESI	EAI	ESI	EAI	ESI	EAI	ESI
3	2.13	1.79	1.74	1.32	2.07	1.81	1.63	1.12	0.97	0.43	0.64	0.32
4	0.17	0.11	1.73	1.41	2.11	1.62	1.53	1.31	0.79	0.51	0.57	0.28
5	0.48	0.31	1.68	1.46	2.01	1.67	1.44	1.26	0.89	0.52	0.49	0.72

续表

pH值	花生蛋白		花生多肽		＞5 kDa 肽		3～5 kDa 肽		1～3 kDa 肽		＜1 kDa 肽	
	EAI	ESI	EAI	ESI	EAI	ESI	EAI	ESI	EAI	ESI	EAI	ESI
6	2.09	1.42	1.71	1.38	1.97	1.63	1.55	1.18	0.74	0.47	0.61	0.67
7	2.11	1.87	1.64	1.54	2.13	1.71	1.81	1.44	0.83	0.54	0.62	0.64
8	2.04	1.86	1.79	1.47	2.24	1.69	1.68	1.37	0.96	0.61	0.56	0.53
9	2.48	1.91	1.81	1.56	2.31	1.72	1.78	1.46	0.94	0.66	0.49	0.59
10	2.57	2.04	1.81	1.61	2.27	1.81	1.82	1.59	1.08	0.59	0.81	0.49

（4）花生多肽起泡性及起泡稳定性

花生蛋白及多肽的起泡性多取决于蛋白及多肽的溶解性，由表 5 可以看出花生多肽的起泡性大于花生蛋白，这是由于起泡性受表面张力的影响，花生蛋白水解之后，水解物的黏度降低表面张力减小，有利于泡沫的形成。由表 5 可看出随着分子量的减小，花生多肽的起泡性不断降低。

表 5　不同分子量段多肽的不同 pH 值下起泡性及起泡稳定性的测定结果

pH值	花生蛋白		花生多肽		＞5 kDa 肽		3～5 kDa 肽		1～3 kDa 肽		＜1 kDa 肽	
	FC	FS	FC	FS	FC	FS	FC	FS	FC	FS	FC	FS
3	29.1	0.33	33.6	0.29	32.12	0.41	24.37	0.12	20.78	0.29	17.64	0.21
4	23.3	0.43	14.1	0.17	32.07	0.32	25.67	0.31	20.34	0.37	14.57	0.23
5	21.7	0.49	12.7	0.21	29.71	0.37	23.53	0.26	20.51	0.41	13.49	0.21
6	23.7	0.34	31.9	0.35	31.97	0.31	24.30	0.18	20.54	0.39	16.61	0.19
7	28.9	0.35	34.7	0.28	32.56	0.43	25.32	0.44	20.91	0.29	15.62	0.17
8	33.1	0.37	39.5	0.27	32.47	0.39	25.53	0.37	20.64	0.31	16.56	0.32
9	35.1	0.34	42.1	0.31	32.31	0.44	26.89	0.46	20.62	0.47	15.49	0.19
10	27.1	0.36	41.6	0.39	32.75	0.41	26.77	0.59	19.51	0.42	16.81	0.21

4. 花生抗氧化肽的抗氧化活性（表6）

表6 花生抗氧化肽（超滤前）的抗氧化活性

抗氧化活性	回归方程	R^2	IC_{50} 值 /（mg/mL）
DPPH 自由基清除率	$y = -0.186\,2x^2 + 9.269\,1x + 2.681\,9$	0.999 9	5.77
羟自由基清除率	$y = -0.000\,05x^2 + 0.096\,94x + 17.564\,07$	0.995 1	0.43
超氧阴离子自由基清除率	$y = -0.167x^2 + 7.864\,6x + 2.072\,1$	0.999 1	7.19
铁还原力	$y = 0.038\,7x + 0.009\,7$	0.999 7	12.67
钼还原力	$y = 0.099\,1x + 0.059\,2$	0.999 4	4.45
铁离子螯合率	$y = -0.062\,7x^2 + 6.998\,2x + 0.407\,1$	0.998 6	7.60
铜离子螯合率	$y = -0.047\,6x^2 + 5.068\,8x - 1.054\,2$	0.999 9	11.26
脂质过氧化抑制率	$y = -0.102\,5x^2 + 7.215\,5x + 0.200\,6$	0.998 6	7.76

5. 花生抗氧化肽的氨基酸组成（表7）

表7 花生抗氧化肽（超滤前）氨基酸的含量

名称	含量 /（mg/100 g）	名称	含量 /（mg/100 g）	名称	含量 /（mg/100 g）
门冬氨酸（Asp）	22	谷氨酸（Glu）	190	丝氨酸（Ser）	9.6
甘氨酸（Gly）	29	组氨酸（His）	34	精氨酸（Arg）	40
苏氨酸（Thr）	40	丙氨酸（Ala）	89	脯氨酸（Pro）	＜3.5
酪氨酸（Tyr）	＜3.8	缬氨酸（Val）	88	蛋氨酸（Met）	46
赖氨酸（Lys）	＜0.18	异亮氨酸（Ile）	60	亮氨酸（Leu）	140
苯丙氨酸（Phe）	300	色氨酸（Trp）	2.36	氮含量	1 500

10

花生 α-葡萄糖苷酶抑制活性肽制备技术

一、花生 α-葡萄糖苷酶抑制活性肽介绍

蛋白酶水解动植物蛋白，将具有降血糖活性的肽段释放出来，能得到 α-葡萄糖苷酶抑制肽，其天然、安全、无副作用，能替代阿卡波糖等人工合成的 α-葡萄糖苷酶抑制剂用于Ⅱ型糖尿病的治疗。花生是豆科花生属一年生草本植物，含有 25%～36% 的蛋白。根据花生榨油方式获得热榨和冷榨两种饼粕，其中，冷榨饼粕中的蛋白高于 45%，且蛋白没有变性，非常适合制备各种蛋白制品。花生蛋白大分子多肽链中富含多种功能性活性多肽，通过蛋白酶解将功能基团释放出来，得到不同功能的多肽，如抗氧化肽、血管紧张素转化酶抑制肽、抗血栓形成肽等。因此，花生蛋白经过酶解有可能得到具有 α-葡萄糖苷酶抑制活性的多肽产物。

二、花生 α-葡萄糖苷酶抑制活性肽制备技术

花生 α-葡萄糖苷酶抑制活性肽制备工艺流程如图 1 所示。

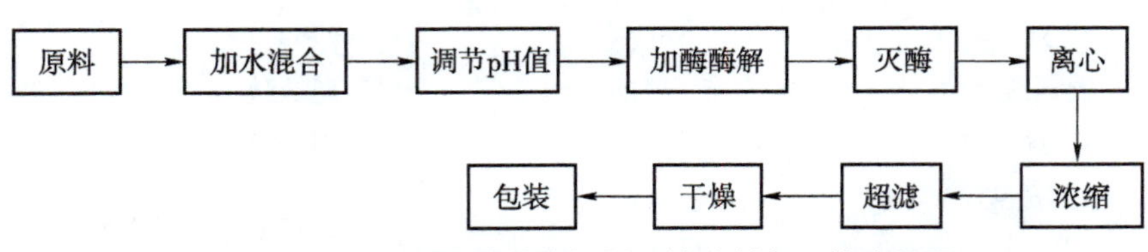

图 1　花生 α- 葡萄糖苷酶抑制活性肽制备工艺流程图

1. 原料

花生粕经粉碎机粉碎并过50目筛，取筛下的花生粕粉作为原料。

2. 加水混合

花生粕粉投入到超声波萃取罐或微波反应容器中，注入水，花生粕粉的浓度为2%～12%，搅拌均匀。

3. 调节pH值

用1 mol/L的NaOH溶液调节花生粕粉混合溶液的pH值为7.5～10.0。

4. 加酶酶解

向花生粕粉混合溶液中加入Alcalase，加酶量为0.6%～1.6%，在温度40～65℃、超声波功率600～1 000 W、超声波频率25 kHz条件下超声辅助酶解10～60 min；或者，在微波功率500～1 000 W、温度40～65℃条件下微波辅助酶解2～12 min。

5. 灭酶

酶解结束后，将反应液在沸水浴中灭酶5 min，立刻在冷水浴中冷却。

6. 离心

在4 000 r/min条件下将酶解反应液离心15 min，弃去沉淀，保留上清液。

7. 浓缩

将上清液在70℃，真空条件下旋转蒸发浓缩，在浓缩液中加入4倍于浓缩液体积的无水乙醇，混合均匀，室温下静置12 h，静置结束后，混合液抽滤，抽滤液在70℃，真空条件下旋转蒸发浓缩，获得浓缩液。

8. 超滤

取浓缩液在超滤仪器中，经 10 kDa 和 5 kDa 的二级超滤，保留透过液，得到分子量小于 5 kDa 的花生 α- 葡萄糖苷酶抑制活性肽溶液。

9. 干燥

花生 α- 葡萄糖苷酶抑制活性肽溶液在温度 −55℃条件下冷冻干燥 24 h。

10. 包装

产品包装标志花生 α- 葡萄糖苷酶抑制活性肽含量、生产日期等，产品包装储运图示应符合 GB/T 191—2008 的规定。包装建议采用全自动包装方式。

11

花生 α-葡萄糖苷酶抑制肽微胶囊制备技术

一、花生 α-葡萄糖苷酶抑制肽微胶囊介绍

花生 α-葡萄糖苷酶抑制肽口服进入体内后，复杂的胃肠道环境会导致其在吸收转运之前已经失去生理活性，因此，亟须开发一种运载体系对其进行包埋以顺利到达吸收部位。微胶囊通常是由壁材和芯材构成，可以将多肽等化合物包埋于高分子材料交联形成的网络结构中，有效提高其在胃肠环境下的稳定性，实现缓释。由于操作简便、成本较低、产业化生产潜力大等优势，微囊化技术已经在多肽、精油、多糖等活性成分中得到了广泛应用。鉴于此，采用海藻酸钠和壳聚糖作为复合壁材，在氯化钙的交联作用下制备了微胶囊。该技术可为花生 α-葡萄糖苷酶抑制肽功能产品的开发与产业化应用提供科技支撑。

二、花生 α-葡萄糖苷酶抑制肽微胶囊制备技术

1. 配置壁材和凝固剂溶液

配制一定浓度的海藻酸钠溶液、壳聚糖 -1% 醋酸溶液以及氯化钙溶液，将等体积的壳聚糖溶液 -1% 醋酸溶液和氯化钙溶液混合均匀，溶胀、静置 2 h。

2. 配置芯材溶液

按照花生 α-葡萄糖苷酶抑制肽：海藻酸钠为 1∶50 的比例，称取一定量的肽于海藻酸钠溶液中并加入适量吐温 80，搅拌使其充分溶解，静置消泡。

3. 芯壁溶液混合

利用恒流泵吸取含肽的海藻酸钠溶液持续滴加到 2 倍体积的壳聚糖 - 氯化钙溶液中，45℃水浴条件下持续搅拌，并调 pH 值至 5.0，固化 30 min。

4. 洗涤和干燥

过滤得到微胶囊湿囊并洗涤数次，将其于 60℃烘箱中干燥即得微胶囊样品。

5. 包装

采用全自动包装方式将微胶囊分装，并标注花生 α-葡萄糖苷酶抑制肽含量、生产日期等信息。

12

花生抗菌肽制备技术

一、花生抗菌肽介绍

抗菌肽（*antimicrobial peptides*）是一类具有较强阳离子特征的小分子多肽，广泛存在于细菌、动物、植物体内，既有内源性的单独存在于生物体内的抗菌肽，也有存在于大分子蛋白链中需经分离、纯化、鉴定得到的抗菌肽。其分子结构特征为两亲性结构，即分子中既有疏水区域也有亲水区域，这两种结构可以分别与细胞膜上的脂质和带负电荷的残基结合，是抗菌肽抑菌作用的结构基础。抗菌肽的常见制备方法主要包括生物体提取法、化学合成法、基因工程法和酶法 4 种。其中酶法因为操作简便、成本低廉、安全性高、副反应物少等优点受到越来越多专家学者的关注。酶法制备抗菌肽的原理是：抗菌肽或者抗菌肽前体以一定氨基酸序列存在于蛋白质中，受到蛋白质空间构象的制约，具有这段氨基酸序列的蛋白质是没有抗菌作用的，只有当蛋白酶水解蛋白质释放出抗菌肽后，抗菌肽分子结构重排形成空间构象，才具有抗菌作用。通过酶解方法可以从植物蛋白源获得高活性的抗菌肽，从而推断花生蛋白作为一种高营养价值的蛋白源也能够通过酶解得到抗菌肽。此外，若酶解反应时间很长，会增加酶解反应成本，且易发生杂菌污染，为了克服酶解反应时间长的缺点，可以采用超声波辅助酶解方法制备抗菌肽。

二、花生抗菌肽制备技术

花生抗菌肽制备工艺流程如图 1 所示。

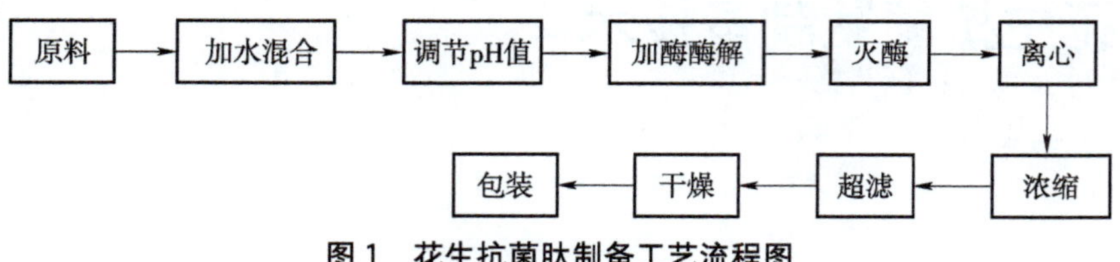

图 1　花生抗菌肽制备工艺流程图

1. 花生抗菌肽制备技术工艺

（1）原料

花生粕经粉碎机粉碎并过 50 目筛，取筛下的花生粕粉作为原料。

（2）加水混合

花生粕粉投入超声波萃取罐或微波反应容器中，注入水，花生粕粉的浓度为 2%～12%，搅拌均匀。

（3）调节 pH 值

用 1 mol/L 的 NaOH 溶液调节花生粕粉混合溶液的 pH 值为 6.0～8.5。

（4）加酶酶解

向花生粕粉混合溶液中加入 Alcalase，加酶量为 0.96～3.36 A · 100/mL，在温度 45～70℃、超声波功率 600～1 000 W、超声波频率 25 kHz 条件下超声辅助酶解 10～60 min；或者，在微波功率 800～1 200 W、温度 45～70℃条件下微波辅助酶解 5～10 min。

（5）灭酶

酶解结束后，将反应液在沸水浴中灭酶 5 min，立刻在冷水浴中冷却。

（6）离心

在 4 000 r/min 条件下将酶解反应液离心 15 min，弃去沉淀，保留上清液。

（7）浓缩

将上清液在 70℃、真空条件下旋转蒸发浓缩，在浓缩液中加入 4 倍于浓缩液体积的无水乙醇，混合均匀，室温下静置 12 h，静置结束后，混合液抽滤，抽滤液在 70℃，真空条件下旋转蒸发浓缩，获得浓缩液。

（8）超滤

取浓缩液在超滤仪器中，经 10 kDa 和 5 kDa 的二级超滤，保留透过液，得到分子量小于 5 kDa 的花生抗菌肽溶液。

（9）干燥

花生抗菌肽溶液在温度 −55℃条件下冷冻干燥 24 h。

（10）包装

产品包装标志花生抗菌肽含量、生产日期等，产品包装储运图示应符合 GB/T 191—2008 的规定。包装建议采用全自动包装方式。

2. 花生抗菌肽抑菌活性

花生抗菌肽复合物的抑菌效果如图 2 所示，各个平板中心的对照都长出了相应的菌种；接种黄曲霉、尖孢镰刀菌、枯草芽孢杆菌、米曲霉和赭曲霉的平板四周的花生抗菌肽复合物抑菌圈均无相应菌种生长；接种厚垣孢镰刀菌、齐整小核菌和酿酒酵母的平板四周的花生抗菌肽复合物抑菌圈分别有 3 个、2 个和 1 个没有长出相应的菌种。说明花生抗菌肽复合物对这 3 种菌的抑菌效果没有其他 5 种菌效果好。

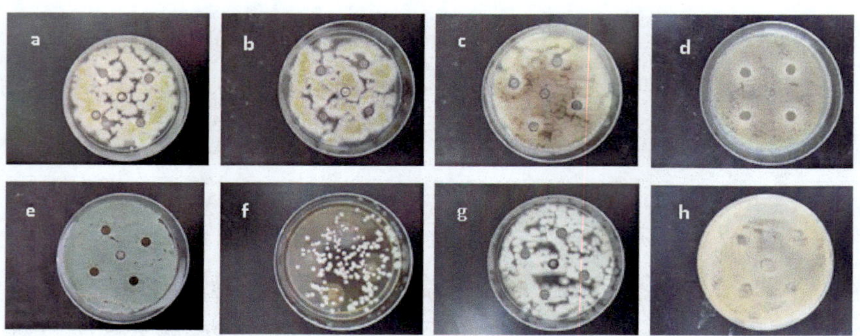

a—厚垣孢镰刀菌；b—黄曲霉；c—尖孢镰刀菌；d—枯草芽孢杆菌；e—米曲霉；
f—齐整小核菌；g—赭曲霉；h—酿酒酵母。

图 2　花生抗菌肽复合物对细菌及真菌的抑菌圈

13

花生粕酱汁发酵技术

一、酱油简介

酱油又称“清酱”或“酱汁”，是以植物蛋白质及碳水化合物为主要原料，经各种酿造微生物的生长代谢作用，发酵水解生成多种氨基酸及各种小分子的糖类、醇、脂等，并以这些物质为基础，再经过复杂的生物化学变化，形成具有特殊色泽、香气、滋味和体态的调味液。酱油营养丰富，含有丰富的维生素和酚类化合物，具有易于消化吸收、增进食欲、降低血压、杀菌、抗氧化、抗肿瘤等有益人体健康的功效，已然成为最大众化、国际化的调味品之一。

二、花生粕酱汁发酵技术

根据国家标准《酿造酱油》（GB/T 18186—2000）和《酱油分类》（SB/T 10173—1993），酱油生产工艺分为低盐固态酱汁酿造工艺和高盐稀态酱汁酿造工艺，两种发酵工艺的不同之处在于酱醪的盐水浓度与用量，以及发酵时间。下面介绍采用该两种酿造工艺发酵生产花生粕酱汁（图 1）。

图 1　花生粕酱汁制作

1. 低盐固态酿造工艺

低盐固态发酵工艺的酱醅中食盐含量较低，一般在 15% 以下，对菌种米曲霉的酶系活力具有较小抑制作用，保障了酱醅中米曲霉的酶系活力。采用低盐固态发酵工艺，酱醪成熟快，发酵周期短，酱汁色泽深，具有浓厚的酱香味。

低盐固态花生粕酱汁发酵工艺流程如图 2 所示。

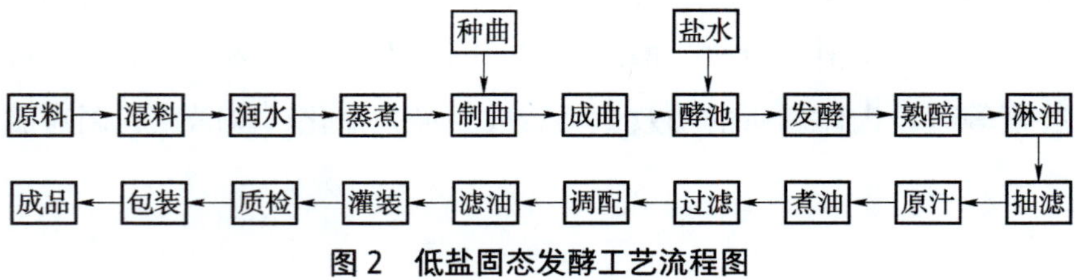

图 2　低盐固态发酵工艺流程图

（1）原料与混料

原料为花生粕和麸皮，经筛选处理，除去其中的杂质。花生粕经粉碎后与麸皮按比例混合均匀，混合比例为（6：4）～（8：2）。

（2）润水与蒸煮

将原料传送至 NK 球罐，加入 70～80℃温水拌水，加水量为蒸煮原料的 100%～130%，设定 NK 球罐的蒸煮温度为 115～121℃，蒸煮时间为 15～20 min。

（3）制曲

润水蒸煮的熟料经降温处理后传送至曲床 / 曲池，接种种曲，接种量为 0.3‰～0.55‰，制曲温度为 30～35 ℃，相对湿度≥90%，制曲时间为 40～44 h，其间翻曲 3 次。

（4）成曲与盐水拌入酵池

将成曲传送至酵池，加入盐水，盐水温度≤8 ℃，盐水浓度为 12%～15%，盐水用量为成曲重量的 1.5～2.0 倍。

（5）发酵

混合料在酵池中的前发酵温度为 42～45 ℃，前发酵时间为 5～7 d，后发酵温度为 45～50℃，后发酵时间为 15～20 d。

（6）熟醅淋油

酱醪成熟后，向熟醅中加入盐水，盐水用量为成曲重量的 1.2～1.8 倍，盐水浓度为 10%～15%，一般进行 2 次淋油。

（7）抽滤后得原汁

每次淋油后，从酵池底部抽滤得到的原汁。

（8）煮油与过滤

采用板式换热器组合对原汁进行第一次煮油，第一次煮油采用超高温瞬时灭菌的方式，煮油后先热沉，后抽取上层清汁，经过硅藻土过滤机过滤，得到原汁的滤油。

（9）调配

根据一煮后原汁滤油中氨基酸态氮、总氮和无盐固形物的含量进行调配，获得不同配方的酱汁，采用不锈钢材质的加热罐在搅拌条件下进行二次煮油，煮油温度通常为 90 ℃，煮油时间为 20～30 min。

（10）滤油灌装质检

将二次煮油后得到的配方酱汁经过膜过滤机过滤，得到的滤油

输送至灌装罐中进行贮存，参照国家标准《酿造酱油》（GB 18186—2000）、《食品安全国家标准　食品添加剂使用标准》（GB 2760—2014）、《食品安全国家标准　酱油》（GB 2717—2018）进行质检。

（11）包装后得成品

灌装贮存的酱汁经包装后获得成品，产品包装标明酱汁等级、氨基酸态氮含量、总氮含量、氨氮 / 全氮、无盐固形物含量、生产日期等，标签标识符合《酿造酱油》（GB 18186—2000）、《食品安全国家标准　预包装食品标签通则》（GB 7718—2011）、《食品安全国家标准　预包装食品营养标签通则》（GB 28050—2011）的规定。

2. 高盐稀态酿造工艺

高盐稀态发酵工艺具有发酵温度低、盐水浓度高、发酵周期长的特点，可使霉菌和细菌等酿造微生物在曲料制备过程中经过自身的生长代谢作用产生的丰富蛋白酶、淀粉酶、糖化酶、纤维素酶、果胶酶等酶系充分水解原料中的蛋白质、淀粉、纤维素及果胶类大分子物质，大大提升酱油中氨基酸态氮的含量，提升酱汁中还原糖、酯类、醇类、谷氨酸等呈味物质的含量。相比低盐固态发酵工艺，高盐稀态发酵工艺较酿造的酱汁具有更显著的鲜味、更良好的口感、更浓厚的酱香味、更鲜亮的色泽、更丰富的营养、更多元的功效、更优越的品质。

高盐稀态花生粕酱汁发酵工艺流程如图 3 所示。

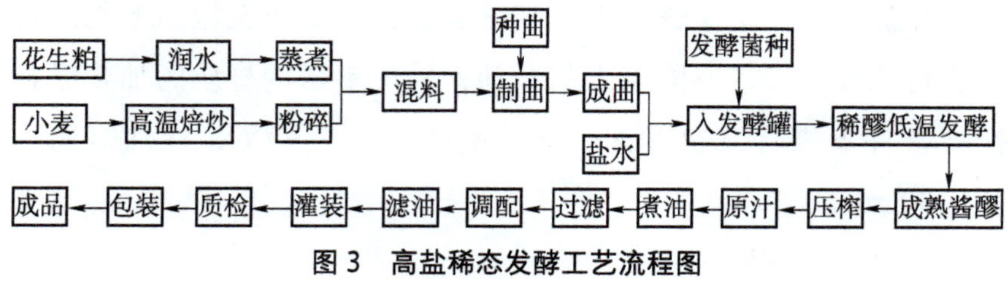

图 3　高盐稀态发酵工艺流程图

（1）原料处理

原料为花生粕和一级小麦，经筛选处理，除去其中的杂质。

（2）花生粕的润水与蒸煮

花生粕经粉碎后，传送至FM连续蒸煮罐，加入70～80℃温水拌水，加水量为蒸煮原料的100%～130%，设定蒸煮罐的蒸煮温度为115～121℃，蒸煮时间为8～12 min。

（3）小麦的焙炒与粉碎

将小麦传送至沸腾式或热风式炒麦机进行高温焙炒，炉膛温度＞400℃，麦子温度在150～200℃，焙炒时间＜1 min；将熟麦传送至风冷机降温至35℃以下，再通过粉碎机粉碎，获得粒度为30目的炒麦粉。

（4）混料

将花生粕熟料与炒麦粉按比例混合均匀，混合比例为（6∶4）～（8∶2）。

（5）制曲

将混料传送至圆盘制曲机，接种种曲，接种量为0.3‰～0.55‰，制曲温度为28～35℃，相对湿度≥90%，制曲时间为36～40 h。

（6）成曲、盐水、发酵菌种依次加入发酵罐低温发酵

将成曲传送至发酵罐，加入耐盐乳酸菌发酵液后，再加入盐水，盐水温度≤8℃，盐水浓度为18%～22%，盐水用量为成曲重量的2.0～2.5倍，发酵温度≤15℃；发酵至10～15 d时，加入球拟酵母发酵液；发酵至35～45 d时，加入鲁氏酵母发酵液，发酵温度逐步升至30～34℃；发酵至85～95 d时，发酵温度逐步降至28℃；总发酵时间为120～180 d。

（7）成熟酱醪压榨

酱醪成熟后，经螺杆泵传送至压滤机或压榨机进行压榨，得到原汁头油，继续向酱渣中加入盐水，盐水用量为成曲重量的1.2～1.8倍，盐水浓度为18%～23%，一般进行2次淋油，分别得到二油与三油。

（8）原汁煮油与过滤

采用板式换热器组合对原汁进行第一次煮油，第一次煮油采用超高温瞬时灭菌的方式，煮油后先热沉，后抽取上层清汁，经过硅藻土过滤机过滤，得到原汁的滤油。

（9）调配

根据一煮后原汁滤油中氨基酸态氮、总氮和无盐固形物的含量进行调配，获得不同配方的酱汁，采用不锈钢材质的加热罐在搅拌条件下进行二次煮油，煮油温度通常为90℃，煮油时间为20～30 min。

（10）滤油灌装质检

将二次煮油后得到的配方酱汁经过膜过滤机过滤，得到的滤油输送至灌装罐中进行贮存，参照国家标准《酿造酱油》（GB 18186—2000）、《食品安全国家标准　食品添加剂使用标准》（GB 2760—2014）、《食品安全国家标准　酱油》（GB 2717—2018）进行质检。

（11）包装后得成品

灌装贮存的酱汁经包装后获得成品，产品包装标明酱汁等级、氨基酸态氮含量、总氮含量、氨氮比、无盐固形物含量、生产日期等，标签标识符合《酿造酱油》(GB 18186—2000)、《食品安全国家标准　预包装食品标签通则》（GB 7718—2011）、《食品安全国家标准　预包装食品营养标签通则》（GB 28050—2011）的规定。

14

花生油加工技术

一、花生油介绍

花生油淡黄透明，色泽清亮，气味芬芳，滋味可口，是一种深受消费者喜爱的食用油（图 1）。花生油含不饱和脂肪酸 80% 以上，普通的花生油含油酸含量为 40%～60%，高油酸花生油的油酸含量超过 75%。花生油还含有软脂酸，硬脂酸和花生酸等饱和脂肪酸。花生油中还含有甾醇、麦胚酚、磷脂、维生素 E、胆碱等。

图 1　花生油

二、花生油加工技术

1. 花生原料的除杂

通过金属探测，检测出原料中的金属异物；利用去石机、色选机等去除原料的异物。

2. 炒胚

炒炉温度控制在 180～280℃，炒胚时间为 12～30 min。

3. 脱皮

利用空气脱皮机将花生红衣脱掉。

4. 压榨

榨油机将油挤出。

5. 水化、吸附、过滤

水化罐中加入助滤剂、脱磷剂、饱和盐水进行搅拌吸附毛油中磷脂、杂质等；用滤油机将油与吸附的杂质进行分离。

6. 入罐

将过滤完的油打入油罐中，待用。

7. 灌装和包装

将花生油进行灌装，并将花生油进行包装，装好箱的产品清点后入成品库。

15

浓香花生油加工技术及其风味物质萃取解析技术

一、技术简介

花生油是中国人饮食中必不可少的组成部分，花生油中含有丰富的营养成分，包括不饱和脂肪酸、维生素、甾醇及许多其他生物活性物质。其中，浓香花生油是一类重要的花生油产品，其烘烤味、甜香味等更为突出，其独特的风味深受消费者的喜爱。浓香花生油的生产工艺主要分为小榨工艺和大榨工艺，两种工艺生产的产品风味也不相同。但目前，对两种不同加工工艺生产的浓香花生油的风味物质研究还较少。

顶空固相微萃取（HS-SPME）是一种通过纤维表面特殊固相涂层实现对样品挥发性组分进行萃取和富集的新型技术，具有测试成本低、操作简便、准确性高以及节省时间等优点。近年来，SPME 结合气相色谱 - 质谱联用技术（GC-MS）和气相色谱 - 嗅闻技术（GC-O）已经被广泛应用于植物油挥发性成分的鉴定。安骏等利用 SPME-GC-MS 结合 GC-O 对浓香花生油特征风味物质进行了研究，共分离得到 39 个化合物，并发现杂环类化合物、醛类化合物、酮类化合物、酯类化合物是特征性风味类物质；赵玉等采用 SPME-GC-MS/O 并结合 OAV 筛选了陇南 3 种具有代表性初榨橄榄油的关键香气成分，发现

1-辛烯-3-醇、芳樟醇、(E)-2-己烯醛和 (E,E)-2,4-癸二烯醛对初榨橄榄油呈香品质具有重要作用。采用 HS-SPME 结合 GC-MS 和 GC-O 对不同加工工艺生产的浓香花生油挥发性物质及特征性风味成分进行分析，以期为浓香花生油的生产工艺优化及品质控制提供科学依据。

二、浓香花生油生产工艺与风味物质解析技术

浓香花生油生产工艺如图 1 所示。

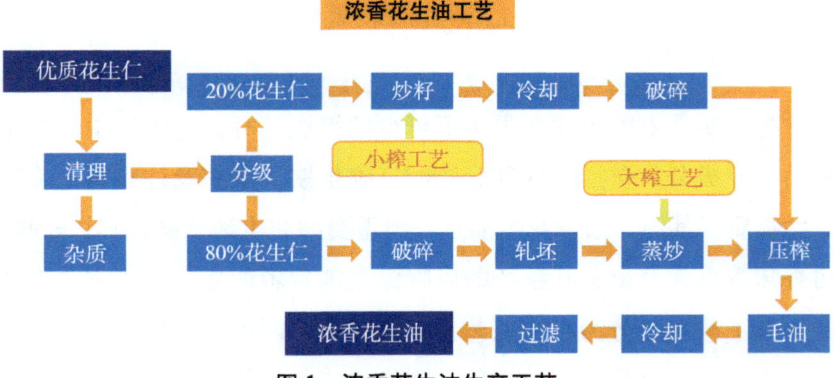

图 1　浓香花生油生产工艺

1. 原料

花生仁在榨油前经过严格筛选处理，除去其中石块、土块等杂质和霉变的原料，指标高于国家一级花生油标准，不得含有黄曲霉毒素。

2. 分级

按照颗粒大小对花生仁进行分级，分为大、中、小三类。

3. 大榨工艺

将分级获得的大粒和小粒花生仁混合，破碎后进行轧坯处理，再进行蒸炒。

4. 小榨工艺

将分级获得的中粒花生仁送入炒锅或炒籽机进行高温翻炒，炒制一定时间后，冷却，进行破碎处理。

5. 榨油

将大榨工艺和小榨工艺获得的榨油原料共同送入榨油机，混合压榨，得到浓香花生油。

6. 挥发性物质检测

对大榨工艺和小榨工艺获得榨油原料分别取样并榨油，采用 SPME 并结合 GC-MS/GC-O 技术对两种样品的风味进行分析。

三、不同加工工艺浓香花生油的风味物质解析

1. SPME 前处理条件优化

对顶空固相微萃取的前处理方法进行了优化，结果发现，采用 DVB/CAR/PDMS 三相复合萃取探针，在 80 ℃条件下，搅拌萃取 50 min，获得风味物质的含量以及萃取效率是最好的（图 2 至图 4）。

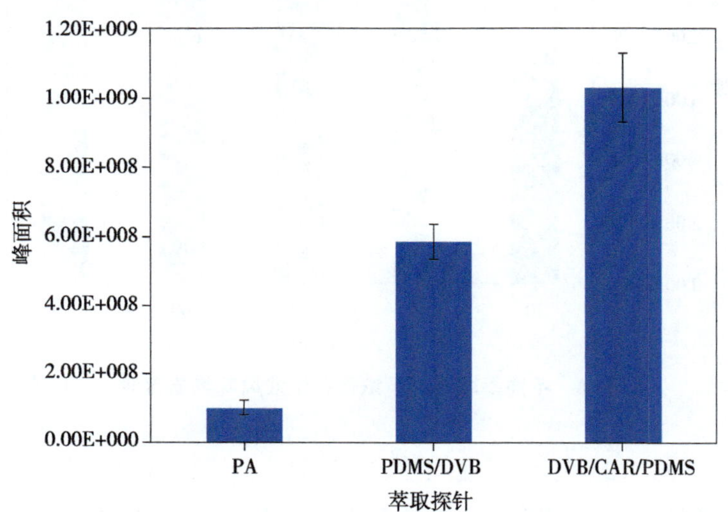

图 2　不同萃取探针浓香花生油风味物质含量

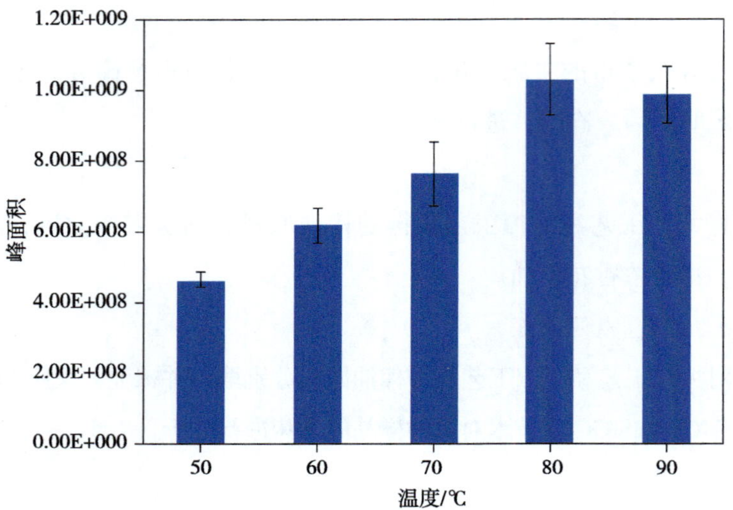

图 3　不同温度下浓香花生油风味物质含量

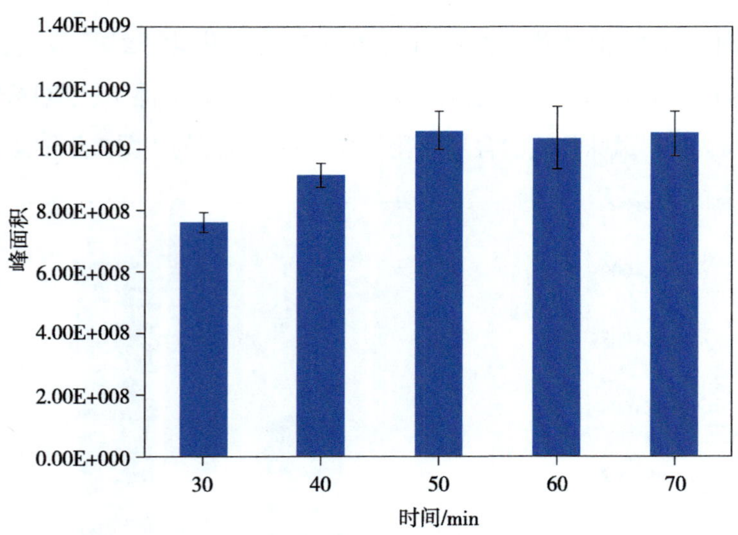

图 4　不同萃取时间下浓香花生油风味物质含量

2. 不同加工工艺浓香花生油的风味物质及其含量

不同加工工艺浓香花生油的风味物质及其含量见表 1。

表 1　不同加工工艺浓香花生油的风味物质及其含量（μg/kg）

编号	类别	化合物名称	A1	A2	A3	A4	B1
1	吡嗪类	甲基吡嗪	572.85	531.54	529.87	510.2	262.01
2		2,5-二甲基吡嗪	3 214.98	2 820.51	3 123.39	2 723.17	1 456.42
3		2,6-二甲基吡嗪	0	0	288.15	0	0
4		2,3-二甲基吡嗪	1 507.24	1 429.63	1 429.85	1 398.74	0
5		2,5-二乙基吡嗪	324.19	316.39	335.28	0	0
6		乙基吡嗪	0	0	0	178.45	114.48
7		2-乙基-3-甲基吡嗪	1 837.42	1 716.08	1 875.84	1 587.89	0
8		2-乙基-6-甲基-吡嗪	376.52	365.08	383.88	277.99	1 170.13
9		3-乙基-2,5-二甲基吡嗪	643.34	592.6	637.09	543.06	309.69
10		2-乙基-3,5-二甲基吡嗪	103.62	120.31	98.56	85.35	23.87
11		2-甲基-5-(2-丙烯基)-吡嗪	96.93	113.41	110.39	98.27	0
12		2,3-二乙基-5-甲基吡嗪	17.88	23.34	19.85	20.68	0
13		3,5-二乙基-2-甲基-吡嗪	37.19	56.12	43.23	58.39	0
14	醛类	异丁醛	93.82	77.14	86.18	66.85	0
15		3-甲基-丁醛	151.18	137.61	145.05	128.82	34.61
16		2-甲基-丁醛	320.92	283.28	314.7	275.43	0
17		己醛	371.51	367.48	395.35	364.23	652.12
18		2-呋喃甲醛	0	51.61	0	0	0
19		庚醛	62.24	118.63	94.91	64.03	169.56
20		反-2-庚烯醛	89.52	47.02	70.15	61.61	96.4

续表

编号	类别	化合物名称	A1	A2	A3	A4	B1
21	醛类	苯甲醛	189.25	204.12	166.15	141.3	305.73
22		(E, E)-2,4-壬二醛	186.87	222.41	191.86	149.97	0
23		苯乙醛	1 385.22	1 357.47	1 400.23	1 218.45	1 523.53
24		壬醛	514.72	609.95	571.48	506.79	527.52
25		β-甲基-肉桂醛	0	0	0	65.22	0
26		α-亚乙基-苯乙醛	62.94	0	80.78	0	0
27		1-甲基吡唑-4-甲醛	35.49	56.48	22.4	17.93	0
28		顺-6-壬烯醛	0	0	0	0	148.64
29		2-丁基-2-辛烯醛	0	0	0	0	9.27
30		辛醛	0	9.88	0	0	0
31		戊醛	0	0	0	0	44.52
32		反-2-十二烯醛	203.54	215.62	209.57	198.39	0
33		反,反-2,4-十二碳二烯醛	0	14.07	17.16	0	0
34		癸醛	0	0	0	0	30.78
35	醇类	2-呋喃甲醇	62.65	60.95	33.12	43.78	145.42
36		1-己醇	329.44	354.85	316.79	349.79	332.82
37		1-壬醇	66.95	114.85	91.97	124.72	284.1
38		1,2,3-丁三醇	6.9	5.9	11.47	6.98	0
39		香芹醇	0	0	0	23.97	0
40		2-乙基-2-己烯醇	15.75	34.47	0	0	11
41		3-甲基-1,6-庚二烯-3-醇	0	0	0	0	44.48
42		1-辛醇	147.15	201.96	0	164.15	191.68

续表

编号	类别	化合物名称	A1	A2	A3	A4	B1
43	醇类	2-羟基-1,4,4-三甲基-双环[3.1.0]己烷-6-甲醇	0	0	0	0	28.29
44	醇类	2,4-己二烯-1-醇	10.98	12.45	14.25	10.55	0
45	醇类	异戊醇	15.41	0	0	0	0
46	醇类	1-辛炔-3-醇	0	11	0	0	0
47	酮类	5-甲基-2-己酮	0	41.96	0	40.73	113.24
48	酮类	呋喃酮	0	101.11	0	47.53	76.04
49	酮类	2,3-戊二酮	22.19	17.23	20.53	20.37	0
50	酮类	5-庚基二氢-2(3H)-呋喃酮	11.04	21.61	12.54	10.44	0
51	酮类	2,3-二氢-3,5-二羟基-6-甲基-4H-吡喃-4-酮	0	0	0	0	168.09
52	酮类	2-庚酮	25.17	0	53.74	0	0
53	酮类	2,4-二甲氧基苯乙酮	8.82	8.61	0	0	0
54	酮类	2-吡咯烷酮	50.27	61.47	58.29	56.13	0
55	酮类	3-甲基环戊烷-1,2-二酮	17.85	0	0	33.91	107.3
56	酸类	乙酸	0	0	0	0	7.91
57	酸类	己酸	0	0	0	0	4.57
58	酸类	庚酸	0	32.57	28.25	0	0
59	酸类	7-羰基辛酸	0	0	0	0	106.54
60	酸类	壬酸	0	0	0	0	134.1
61	酸类	2-十一烯酸	47.23	0	0	0	0
62	酸类	2-十二烯酸	0	0	0	35.01	0

续表

编号	类别	化合物名称	A1	A2	A3	A4	B1
63	酸类	戊酸	0	0	0	0	95.81
64		S-(2-氨乙基)硫磺酸	0	0	48.5	0	0
65	酚类	2-甲氧基-4-乙烯苯酚	250.34	220.47	259.5	232.55	266.9
66	吡咯类	1-甲基-1H-吡咯	60.43	52.74	58.55	51.1	0
67		3-乙酰基吡咯	0	0	0	49.11	0
68	呋喃类	2-戊基呋喃	0	0	0	0	59.64
69		2,3-二氢苯并呋喃	869.39	785.58	887.63	836.29	706.85
70	烷烃类	氯代异辛烷	0	189.58	0	0	0
71		1,2,3-三甲基环己烷	90.41	86.27	95.34	78.29	0
72		庚烷	36.42	39.94	45.99	34.71	0
73		1-氯己烷	74.34	85.33	70.36	65.99	0
74		2,3,5,8-四甲基-癸烷	0	0	0	0	3.93
75		2-氢过氧基庚烷	28.98	0	0	0	0
76		2,2,4-三甲基-戊烷	0	0	0	6.97	0
77	烯烃类	1-辛烯	0	118.14	7.08	6.56	0
78		1-十三烯	0	0	0	0	9.51
79		2,6-二甲基-3-庚烯	136.62	132.76	130.18	123.6	0
80		(-)β-蒎烯	0	0	0	0	43.34

续表

编号	类别	化合物名称	A1	A2	A3	A4	B1
81	酯类	己酸-2-苯乙酯	20.84	31.3	15.1	28.43	0
82		氟氯氢菊酯	10.18	11.76	12.75	15.14	9.26
83		十一酸十一烷基酯	0	5.89	7.31	0	4.1
84		1-吡啶甲酯	0	0	0	0	20.3
85		δ-十二内酯	0	0	0	0	92.65
86		丁位辛内酯	0	0	0	0	50.23
87		1-甲基吡咯-2-羧酸甲酯	12.94	20.84	25.19	18.54	0
88		2-乙基-己酸乙酯	0	0	0	0	8.71
89		己酸己酯	0	0	0	0	9.42
90	其他类	4,5,6,7-四氢-1H-吲唑	0	0	0	6.35	0
91		4-氨基-1,2-二氢-2-氧代-5-嘧啶腈	35.6	44.09	35.25	39.45	0
92		4,6-二甲基-嘧啶	339.3	351.5	0	263.87	187.06
93		2-环己基哌啶	23.85	20.51	26.84	30.59	0
94		5,6,7,8-四氢-2-甲基-喹喔啉	0	0	0	14.51	0
95		3,6-二甲基-2-吡啶胺	0	42.09	0	0	0

注：A1、A2、A3、A4：小榨工艺花生油样品；B1：大榨工艺花生油样品。

3. 不同加工工艺浓香花生油的风味物质组成及相对含量

不同加工工艺浓香花生油的风味物质组成及相对含量数据见表2和图5。吡嗪类、醛类、醇类、呋喃类是浓香花生油样品中的主要风味物质。小榨花生油样品中吡嗪类比例最大，占总风味物质的50%左右，其次为醛类化合物；大榨花生油中，各类风味物质含量排序为：醛类＞吡嗪类＞醇类＞呋喃类＞酮类＞酸类＞酚类。

表2　不同加工工艺浓香花生油的风味物质组成及相对含量（%）

风味物质组成	A1	A2	A3	A4	B1
吡嗪类	52.87	48.65	54.81	51.05	32.62
醛类	26.54	27.80	27.42	25.83	34.64
醇类	5.02	6.11	3.60	6.07	10.15
酮类	0.48	1.46	0.67	1.44	4.55
酸类	0.36	0.25	0.59	0.29	3.33
酚类	1.92	1.69	2.00	1.95	2.61
吡咯类	0.46	0.40	0.45	0.84	0.00
呋喃类	6.66	6.03	6.84	7.02	6.91
烷烃类	1.45	3.41	2.01	1.33	0.93
烯烃类	1.05	0.96	1.06	1.09	0.52
酯类	0.08	0.38	0.27	0.37	1.90
其他类	2.87	3.36	0.27	2.72	1.83

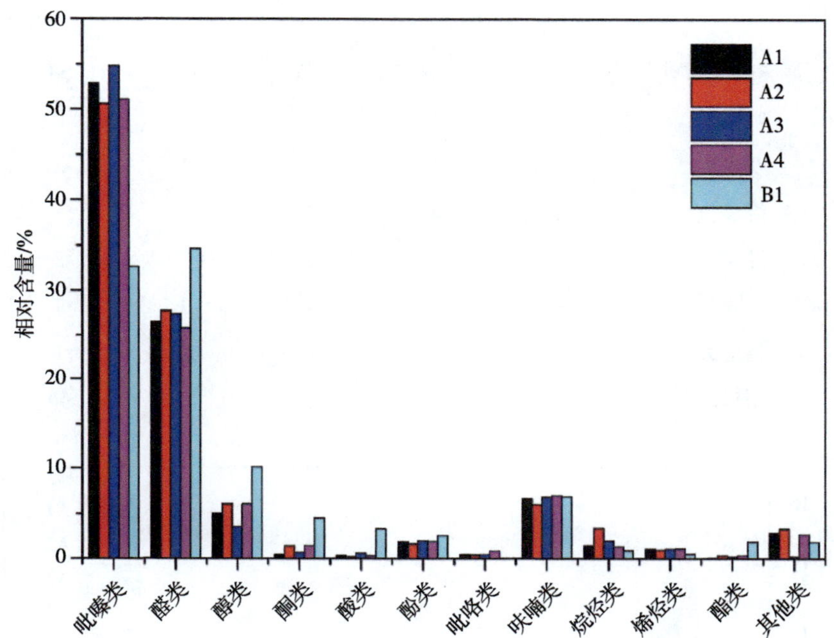

图 5　不同加工工艺浓香花生油的风味物质组成及相对含量

4. 不同加工工艺浓香花生油的风味物质数量

小榨花生油样品中吡嗪类和醛类化合物的数量均明显超过大榨样品；大榨花生油样品中酸类和酯类化合物偏多（表 3，图 6）。

表 3　不同加工工艺浓香花生油的风味物质数量

风味物质组成	A1	A2	A3	A4	B1
吡嗪类	11	11	10	10	6
醛类	13	15	14	13	11
醇类	8	8	5	7	7
酮类	6	6	4	6	4
酸类	1	1	2	1	4
酚类	1	1	1	1	1

续表

风味物质组成	A1	A2	A3	A4	B1
吡咯类	1	1	1	2	0
呋喃类	1	1	1	1	2
烷烃类	4	4	3	4	1
烯烃类	1	2	2	2	2
酯类	3	4	4	3	7
其他类	3	4	2	5	1
总计	53	58	49	55	46

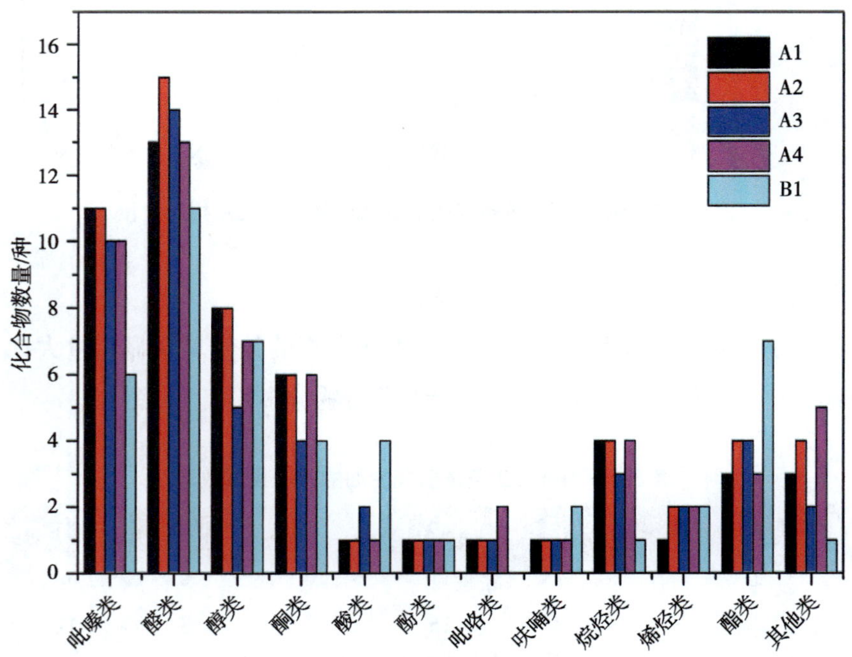

图 6　不同加工工艺浓香花生油的风味物质数量

5. 香气活度值（OAV）

浓香花生油中关键风味物质及其 OAV 值列于表 4。从表 4 中可知，GC-O 测得香气成分共有 35 种，识别 29 种；通过对以上化合物进行定量分析，计算每种化合物的香气活性值（OAV：香气物质浓度 / 香气阈值），OAV＞1 的化合物则可确定为香气活性化合物。OAV＞1：小榨花生油有 13 种，大榨花生油则只有 11 种。

小榨花生油中具有烘烤味的 3-乙基-2,5-二甲基吡嗪和 2,3-二乙基-5-甲基吡嗪、甜香味的 2-甲基丁醛和 3-甲基丁醛、油脂味的庚醛以及奶油味的 2,3-戊二酮的 OAV 值明显高于其他种类化合物，说明对香气的贡献较大；在大榨样品中，3-乙基-2,5-二甲基吡嗪、庚醛、苯乙醛等贡献较大。

尽管 OAV 值的计算可以明确两种浓香花生油中香气物质的贡献度，但是，结合嗅闻结果发现，虽然部分香气物质没有测出含量，但依然可以嗅闻到相应香气特点，因此，OAV 值结合嗅闻结果更能体现香气物质的贡献度。

表 4　浓香花生油中关键风味物质及其 OAV 值

编号	化合物名称	感官描述	OAV 值				
			A1	A2	A3	A4	B1
1	甲基吡嗪	烘烤味	-	-	-	-	-
2	2,5-二甲基吡嗪	坚果味	3.21	2.82	3.12	2.72	1.45
3	2,6-二甲基吡嗪	烤香味	-	-	-	-	-
4	乙基吡嗪	烤香味	-	-	-	-	-
5	2-乙基-3-甲基吡嗪	烤香味	-	-	-	-	-
6	2-乙基-6-甲基吡嗪	坚果味	-	-	-	-	-
7	3-乙基-2,5-二甲基吡嗪	烘烤味	643.34	592.60	637.09	543.06	309.69
8	2-乙基-3,5-二甲基吡嗪	烤香味	13.82	16.04	13.14	11.38	3.18

续表

编号	化合物名称	感官描述	OAV 值				
			A1	A2	A3	A4	B1
9	2-甲基-5-(2-丙烯基)-吡嗪	油脂味	-	-	-	-	-
10	2,3-二乙基-5-甲基吡嗪	烤香味	35.76	46.68	39.7	41.36	-
11	3,5-二乙基-2-甲基吡嗪	烤香味	-	-	-	-	-
12	3-甲基丁醛	巧克力味	28.00	25.48	26.86	23.86	6.41
13	2-甲基丁醛	焦糖味	32.09	28.33	31.47	27.54	-
14	己醛	青草香、果香	1.35	1.33	1.43	1.32	2.36
15	庚醛	油脂味	22.23	42.37	33.90	22.87	60.56
16	E-2-庚烯醛	油脂味	0.028	0.015	0.022	0.019	0.030
17	苯甲醛	焦糖味	4.54	4.89	3.98	3.39	7.33
18	(E, E)-2,4-壬二醛	花香、油脂味	-	-	-	-	-
19	苯乙醛	甜香味	16.69	16.36	16.87	14.68	18.36
20	壬醛	油脂味	1.98	2.35	2.20	1.95	2.03
21	α-亚乙基-苯乙醛	甜香味	-	-	-	-	-
22	戊醛	果香味	-	-	-	-	4.95
23	1-已醇	果香味	0.001 2	0.001 3	0.001 2	0.001 3	0.001 2
24	1-壬醇	辛辣味	-	-	-	-	-
25	2,4-已二烯-1-醇	烤香味	-	-	-	-	-
26	2,3-戊二酮	奶油味	73.97	57.43	68.43	67.90	-
27	3-甲基环戊烷-1,2-二酮	烤香味	-	-	-	-	-

续表

编号	化合物名称	感官描述	OAV 值				
			A1	A2	A3	A4	B1
28	2-甲氧基-4-乙烯苯酚	炒花生味	5.01	4.41	5.19	4.65	5.34
29	2,3-二氢苯并呋喃	甜香味	-	-	-	-	-

6. 不同加工工艺浓香花生油的感官评价

对两种工艺生产的浓香花生油进行感官评价，结果见图 7 和图 8。综合结果后发现，小榨花生油中总体风味较强，其中烘烤味和油脂味较突出，而在大榨花生油中总体风味稍弱，但是花生味、甜香味和油脂味较明显。

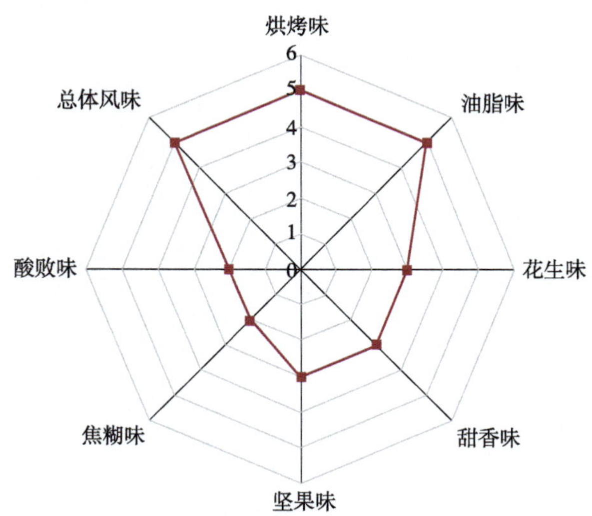

图 7　小榨花生油感官评价雷达图

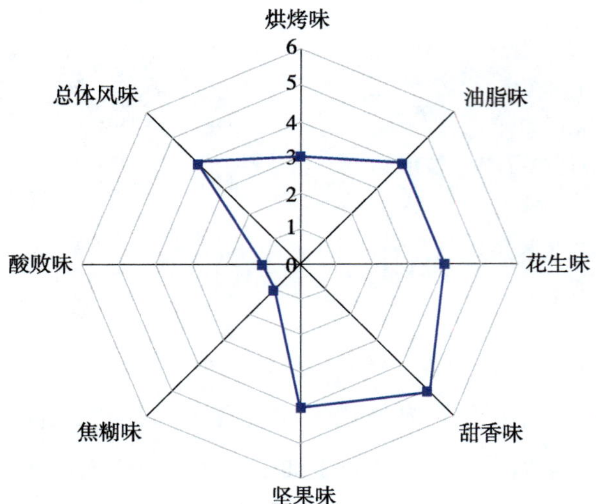

图 8　大榨花生油感官评价雷达图

16

花生油脂精炼技术

一、精炼花生油脂简介

精炼花生油是指压榨得到的花生油毛油经过脱胶、脱酸、脱色、脱臭等一系列的加工处理，去除毛油中的杂质而制成的澄清透明的精炼植物油。采用精炼工艺加工的浸出花生一级油各项指标均需符合国家标准《花生油》（GB/T 1534—2017）。

二、花生油脂精炼技术

油脂精炼技术大体可分为化学精炼和物理精炼两大类。下面主要介绍这两种精炼工艺。

1. 花生油的化学精炼技术

化学精炼工艺是传统的花生油精炼工艺，主要工序包括水化脱胶、碱炼脱酸、白土脱色、真空脱水、蒸汽脱臭、过滤等。

花生油化学精炼工艺流程如图 1 所示。

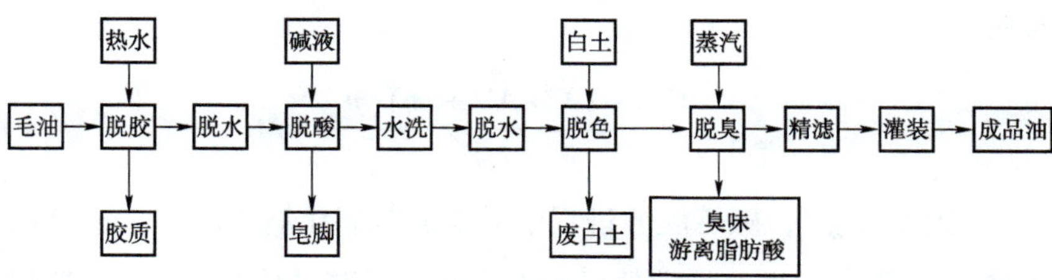

图 1　花生油化学精炼工艺流程图

（1）毛油

将花生压榨得到的花生油毛油输送至加热罐中，搅拌预热，预热温度 80～85℃，搅拌速度 30～60 r/min，过滤去除杂质。

（2）脱胶

采用水化脱胶的方式，先将除杂后的毛油输送至水化罐中，搅拌预热至 80～85 ℃，搅拌速度为 30～60 r/min，再根据毛油中胶质的含量加入热水，水温为 85～90℃，加水量为胶质含量的 3～5 倍，加水时间在 40～60 min，加水过程中继续搅拌，先快速搅拌 5～10 min，后慢速搅拌，搅拌速度为 60～70 r/min，加水完毕后继续搅拌 3～5 min，静置沉淀 2～4 h，油水分离后，采用 280℃加热试验对水化油进行化验，仅有微量析出物视为水化合格，继续进入下一道工序 。

（3）脱水

将水化罐中脱胶后的花生油升温至 125～135℃，进入真空干燥器进行脱水处理，脱水时间为 20～30 min。

（4）脱酸

脱酸一般采用碱炼方式，将水化脱胶后的花生油毛油输送至碱炼罐中，加热至 75～85℃，加入碱液，并在 10 min 内加完碱液，碱液浓度为 14%～16%，碱液用量根据公式（1）进行计算。在加减过程中，先快速搅拌 5～10 min，后慢速搅拌 20～30 min，并缓慢升温至 90～95℃，油皂分离明显停止搅拌，静置 4～6 h，从罐底放出皂脚。

$$m_{\mathrm{NaOH}}=\frac{(7.13\cdot 10^{-4}\cdot \mathrm{AV}+m_1)\cdot m_{油}}{c}\times M \tag{1}$$

式中，m_{NaOH}，碱炼脱酸过程中需要的氢氧化钠的质量，g；AV，未脱酸处理的花生油的酸值，mg/g；m_1，超碱量值，g；$m_{油}$，所取油样的质量，g；c，氢氧化钠溶液的浓度，%。

（5）水洗

将放出皂脚后的脱酸油热水洗涤2次脱除残皂。第一次水洗时加入盐水防止乳化，将油温预热至70～80℃，加入盐水，盐水温度为80～90℃，盐水浓度为4%～6%，盐水用量为油重8%～10%，加入盐水时先快速搅拌5 min，后慢速搅拌10～20 min，静置2～4 h放出皂水；第二次水洗油温为75～85℃，水温为85～95℃，加水量为油重10%～12%，加水时先快速搅拌后慢速搅拌，5～10 min后，静置4～6 h，从罐底放出皂水后，离心除去残留皂水。

（6）脱水

将脱酸水洗后的花生油输送至脱色塔中，升温至95～105℃，真空度0.09～0.12 MPa，脱水1.5～2.5 h，使油中水分低于0.1%。

（7）脱色

脱酸处理后的花生油颜色较深，须进行脱色处理，一般采用活性白土脱色剂。将花生油升温至90～95℃，吸入脱色剂，脱色剂用量为油重的1%～3%，真空度升至0.085～0.09 MPa，温度升至105～115℃，脱色30～40 min，温度降至80～90℃后破真空，经220～300目滤网过滤。

（8）脱臭

脱色花生油经过滤后，输送至蒸馏塔进行蒸汽脱臭，蒸汽脱臭温度为220～250 ℃，真空度0.07～0.08 MPa，蒸汽压0.1～0.15 MPa，脱臭时间为2～3 h，待温度降至80℃以下后破真空。

（9）精滤

采用孔径5 μm的布袋式过滤器对脱臭处理的花生油进行精滤，待冷却至38～42℃后进行灌装，获得成品油。

（10）成品油

成品油符合国家标准《花生油》（GB 1534—2017）规定的花生一级油各项指标。

2. 花生油的物理精炼技术

物理精炼工艺是一种绿色无污染的油脂精炼工艺，能够保留花生油脂中的天然营养成分、活性成分和风味物质，提高花生油的精炼得率，主要工序包括水化脱胶、脱水、脱色、物理脱酸、蒸汽脱臭、过滤等。

花生油物理精炼工艺流程如图 2 所示。

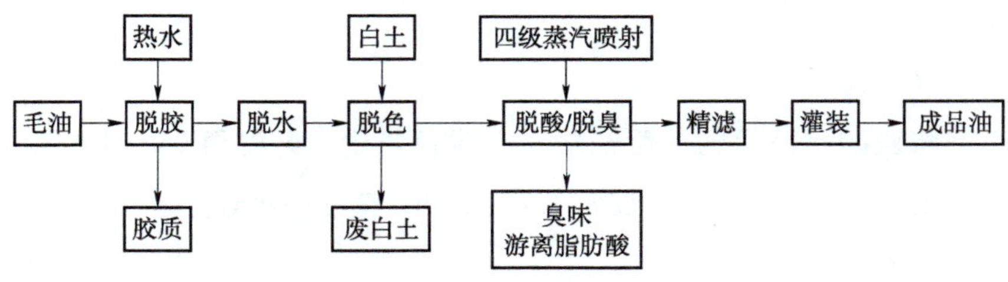

图 2　物理精炼工艺流程图

（1）毛油

将花生压榨得到的花生油毛油输送至加热罐中，搅拌预热，预热温度 80～85℃，搅拌速度 30～60 r/min，过滤去除杂质。

（2）脱胶

采用水化脱胶的方式，先将除杂后的毛油输送至水化罐中，搅拌预热至 80～85℃，搅拌速度为 30～60 r/min，再根据毛油中胶质的含量加入热水，水温为 85～90℃，加水量为胶质含量的 3～5 倍，加水时间在 40～60 min，加水过程中继续搅拌，先快速搅拌 5～10 min，后慢速搅拌，搅拌速度为 60～70 r/min，加水完毕后继续搅拌 3～5 min，静置沉淀 2～4 h，油水分离后，采用 280℃加热试验对水化油进行化验，仅有微量析出物视为水化合格，继续进入下一道工序。

（3）脱水

将脱酸水洗后的花生油输送至脱色塔中，升温至95～105℃，真空度0.09～0.12 MPa，脱水1.5～2.5 h，使油中水分低于0.1%。

（4）脱色

脱酸处理后的花生油颜色较深，须进行脱色处理，一般采用活性白土脱色剂。将花生油升温至90～95℃，吸入脱色剂，脱色剂用量为油重的1%～3%，真空度升至0.085～0.09 MPa，温度升至105～115℃，脱色30～40 min，温度降至80～90℃后破真空，经220～300目滤网过滤。

（5）脱酸/脱臭

采用多级蒸汽喷射脱酸/脱臭塔对脱色处理的花生油进行脱酸脱臭同步处理，脱色花生油进入脱酸/脱臭塔时的油温控制在250～260℃，在直接蒸汽喷射下，将游离脂肪酸、酮、醛、臭味、杂质等从油中除去，脱臭真空度（绝对压力）控制在260～270 Pa，脱酸/脱臭时间1～1.5 h。经换热器后油温降至70℃以下，进入脱酸油罐中。

（6）成品油

贮存于脱酸油罐中的花生油冷却后灌装，获得成品油，成品油符合国家标准《花生油》（GB 1534—2017）规定的花生一级油各项指标。

17

花生水溶性膳食纤维制备技术

一、花生水溶性膳食纤维介绍

膳食纤维（DF）是指能抗人体小肠消化吸收的，在人体大肠能部分或全部发酵的可食用的植物性成分、碳水化合物及其相类似物质的总和，包括多糖、寡糖、木质素以及相关的植物物质。主要包括纤维素、半纤维素、果胶及亲水胶体物质如树胶和海藻多糖等组分。另外，还包括植物细胞壁中所含有的木质素，不被人体消化酶所分解的物质如抗性淀粉、抗性糊精、抗性低聚糖、改性纤维素、黏质、寡糖，以及少量相关成分如蜡质、角质和软木脂等。按溶解性，膳食纤维可分为水溶性膳食纤维（SDF）和不溶性膳食纤维（IDF）两类。SDF 是指不被人体消化道酶消化但可溶于温、热水且其水溶液又能被其 4 倍体积的乙醇再沉淀的部分膳食纤维。花生 SDF 具有一般水溶性膳食纤维相似的物化特性，如持水性、对阳离子有结合和交换能力、对有机物有吸附螯合作用、改变肠道内微生物群系组成等。首先，SDF 能够有效预防糖尿病，有助于延缓和降低餐后血糖，升高血清胰岛素水平，维持餐后血糖的平衡和稳定，避免血糖水平的剧烈波动。其次，SDF 能降血脂、预防心血管疾病。这是因为 SDF 在小肠形成黏性溶液或带有功能基团的黏膜层，黏膜层的厚度与完整性是甘油三酯和胆固醇在小肠吸收速度的一种限制性屏障，从而达到降低血清胆固醇的目的。最后，SDF 能预防结肠和直肠癌。SDF 可被大肠有益细菌部分发酵或全部发酵，产生大量短链脂肪酸，可调节肠道 pH 值，改善有益细菌的繁殖环境，使得双歧杆菌等有益菌群能迅速增殖，抑制腐生菌生长，使致癌物质浓度相对降低，加上 SDF 刺激肠蠕动，使得致癌物质与肠壁接触时间大大缩短。

我国是世界花生生产、消费和出口大国，花生总产量和出口量均居世界前列。花生总产中，约有 60% 的花生用来榨油，花生榨油后产生的副产品——花生饼粕约占原料的 50%，它富含蛋白和粗纤维。在花生蛋白饮料生产中，花生经磨浆后会产生大量的花生残渣，它也含有大量的蛋白质和纤维素。花生饼粕和花生残渣除了用于生产花生蛋白粉外，它们也是花生 SDF 的很好来源。花生仁含 10%～13% 的碳水化合物，其中约 6% 为非淀粉多糖和 2% 为可溶性纤维。花生饼粕和花生残渣中保留了大部分的碳水化合物，经一定工艺处理后，能得到高纯度的 SDF 产品。此外，花生收获和加工时会产生大量的花生壳、花生茎叶、花生根。花生壳约占花生质量的 30%，主要含半纤维素和粗纤维素，半纤维素的含量为 10.1%，粗纤维素占花生壳质量的 65.7%～79.3%。花生茎叶中含有粗蛋白 12.2%，粗纤维 21.8%。它们都是 SDF 的来源。SDF 的提取方法有化学提取法、微波提取法、超声波提取法、酶提取法、化学试剂与酶试剂结合提取法、微生物发酵法、膜分离法、挤压法、高压法、热处理法、超临界流体萃取技术等。

二、花生水溶性膳食纤维制备技术

花生水溶性膳食纤维制备工艺流程如图 1 所示。

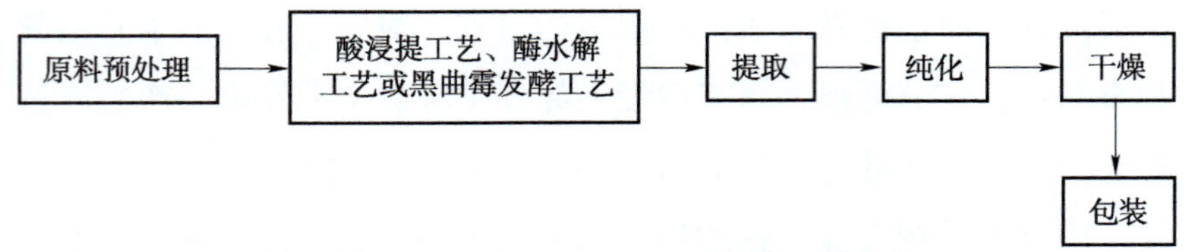

图1　花生水溶性膳食纤维制备工艺流程图

1. 花生水溶性膳食纤维制备技术工艺

（1）原料预处理

花生壳、花生秆、花生根或花生叶清洗干净，在50℃烘箱中干燥，用粉碎机粉碎过50目筛，取筛下物作为提取水溶性膳食纤维的原料。取原料加入丙酮，在温度40℃、超声波功率1 000 W、超声波频率25 kHz条件下处理20 min，抽滤，弃滤液。滤渣加入60%乙醇溶液，在温度50℃、超声波功率1 000 W、超声波频率25 kHz条件下处理20 min，抽滤，弃滤液。滤渣中加入水，调节混合液的pH值为6.5，再加入木瓜蛋白酶（加酶量为混合液的0.6%）和α-淀粉酶（加酶量为混合液的0.4%），在温度50℃、超声波功率1 000 W、超声波频率25 kHz条件下超声辅助酶解20 min，抽滤，保留滤液1作为提取步骤的原料。滤渣用水清洗3次后在60℃烘箱中干燥，干燥后得到预处理好的原料。

（2）酸浸提工艺、酶水解工艺或黑曲霉发酵工艺

酸浸提工艺：预处理好的原料投入到超声波萃取罐中，加入3%的柠檬酸溶液，料液比为（1∶16）～（1∶10），静置浸泡50 min。浸泡结束后，在温度60～90℃、超声波功率500～1 000 W、超声波频率25 kHz条件下超声辅助酸浸提20～60 min。超声结束后，反应混合液真空抽滤，保留滤液。滤渣加入3%的柠檬酸溶液，料液比为1∶8，以温度80℃、超声波功率1 000 W、超声波频率25 kHz条件下超声辅助酸浸提35 min，超声结束后，反应混合液真空抽滤，保

留滤液，此过程重复2次。合并3次酸浸提的真空抽滤液作为提取步骤的原料。

酶水解工艺：预处理好的原料投入到超声波萃取罐中，加入水，搅拌均匀，调节混合溶液的pH值为4.5～6.0，加入中性纤维素酶，加酶量为混合溶液的0.8%～2.4%，在温度45～55℃、超声波功率500～1 000 W、超声波频率25 kHz条件下超声波辅助纤维素酶解30～60 min；纤维素酶解结束后，在混合溶液中加入半纤维素酶，加酶量为混合溶液的1.2%～3.0%，在温度45～55℃、超声波功率500～1 000 W、超声波频率25 kHz条件下超声波辅助半纤维素酶解20～40 min；半纤维素酶解结束后，在混合溶液中加入木聚糖酶，加酶量为混合溶液的0.6%～2.0%，在温度40～60℃、超声波功率500～1 000 W、超声波频率25 kHz条件下超声波辅助木聚糖酶解60～90 min；木聚糖酶解结束后，真空抽滤，保留滤液。

黑曲霉固态发酵工艺：预处理的原料在121℃灭菌15 min，冷却后加入无菌水1.88～3.13L/kg原料，搅拌均匀，再加入菌龄为70 h的黑曲霉菌悬液2 L/kg原料，在27℃温度下固态发酵219 h。固态发酵结束后，在发酵体系中加入水10 L/kg原料，在超声波萃取设备中，以温度45～55℃、超声波功率500～1 000 W、超声波频率25 kHz条件超声波辅助萃取60～90 min。萃取结束后，真空抽滤，保留滤液。

（3）提取

将步骤（1）的滤液1和步骤（2）各工艺得到的真空抽滤液合并，在70℃真空条件下旋转蒸发浓缩得到浓缩液，向浓缩液中加入4倍于浓缩液体积的无水乙醇，搅拌均匀，室温下静置12 h，静置结束后，弃去上清液，保留沉淀。沉淀加入10倍量的沸水溶解，用0.22 μm滤膜过滤，得到过滤液。

（4）纯化

步骤（3）的过滤液经过截留分子量为 30 kDa 的超滤膜，保留透过液，此透过液再经 10 kDa 的超滤膜，保留截留液，截留液在 70℃，真空条件下旋转蒸发浓缩得到浓缩液，向浓缩液中加入 4 倍于浓缩液体积的无水乙醇，搅拌均匀，室温下静置 12 h。

（5）干燥

步骤（4）静置结束后，弃去上清液，沉淀经 60℃真空干燥 12 h，干燥物粉碎得到花生水溶性膳食纤维。

（6）包装

产品包装标志花生水溶性膳食纤维含量、生产日期等，产品包装储运图示应符合 GB/T 191—2008 的规定。包装建议采用全自动包装方式。

2. 花生水溶性膳食纤维含量和抗氧化活性（表 1）

花生水溶性膳食纤维的纯度为 92.36%，粗蛋白含量为 0.92%。

表 1 花生水溶性膳食纤维的抗氧化活性

抗氧化活性	花生壳	花生秆	花生根
DPPH 自由基清除率 /%	47.46 ± 0.97	44.29 ± 0.76	86.67 ± 1.56
羟自由基清除率 /%	91.88 ± 1.06	97.60 ± 1.16	95.63 ± 0.93
超氧阴离子自由基清除率 /%	36.85 ± 0.34	33.70 ± 0.29	20.83 ± 0.43
铁还原力［相当于维生素 C（μg/mL）活性］	12.45 ± 0.23	17.12 ± 0.18	13.47 ± 0.23
钼还原力［相当于维生素 C（μg/mL）活性］	28.31 ± 1.10	25.23 ± 0.31	19.11 ± 0.29

18

花生不溶性膳食纤维制备技术

一、花生不溶性膳食纤维介绍

膳食纤维（DF）指的是一些既不能被小肠消化酶分解也不能被小肠吸收的多糖、木质素等植物性成分。根据溶解性 DF 分为两类，一类可溶解在 pH 值 6～7 的 100℃水中，称为可溶性膳食纤维（SDF）；另一类是不可溶解的，称为不溶性膳食纤维（IDF）。IDF 能增加饱腹感，并有助于肠蠕动，可作为疏通便秘、化解结石、减轻体重、防治肠癌的功能性食品；而 SDF 能减少血浆中低密度脂蛋白胆固醇的含量，促进肠道中益生菌群生长繁殖，可作为预防、减轻症状、辅助治疗心血管等疾病的功能性食品。经研究，许多慢性病如心血管疾病、肥胖症、高血压、高血脂、Ⅱ型糖尿病和一些癌症等的发病与 DF 摄入量太少有关。因此，营养学家们将膳食纤维称为继水分、蛋白质、脂肪、碳水化合物、微量元素、维生素之后的“人类第七大营养素”。在花生的加工过程中，每年产生花生壳约 450 万 t，其中大部分被当作废弃物或燃料，仅有少量被加工成饲料或用于化工原料，价格低廉，资源利用率很低。花生壳的最大营养成分是粗纤维，含量 65.7%～79.3%，其他营养成分包括粗蛋白 4.8%～7.2%、粗脂肪 1.2%～1.8%、淀粉 0.7% 等。由此可见，花生壳富含膳食纤维成分，故以花生壳为原料制备膳食纤维的研究具有重要的实用价值，它可以改善人们饮食习惯中膳食纤维不足的缺陷。采用酸碱结合法提取花生壳 IDF 的工艺条件，旨在促进花生加工副产品的高值化利用，将 IDF 作为单独服用的功能保健品或乳品、饮品、食品的添加剂，增加花生产业的经济效益和社会效益。

二、花生不溶性膳食纤维制备技术

花生不溶性膳食纤维制备工艺流程如图 1 所示。

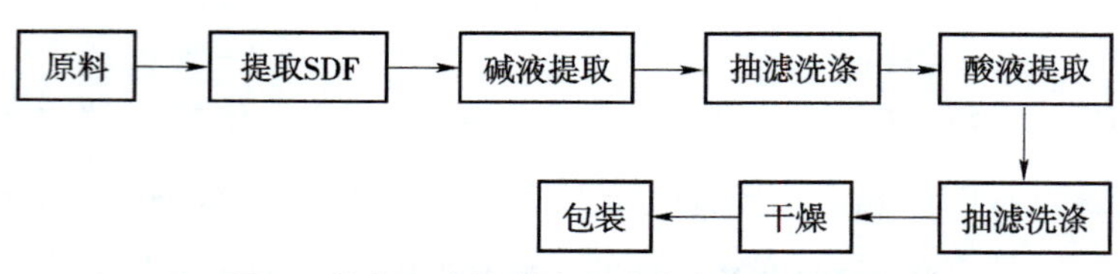

图 1　花生不溶性膳食纤维制备工艺流程图

1. 原料

挑选无虫、无霉烂的花生壳、花生秆或花生根，用流水清洗干净，在鼓风干燥箱中 80℃干燥 5～8 h。干燥结束后，花生壳、花生秆、花生根经粉碎机粉碎并过 50 目筛，取筛下物作为原料。

2. 提取 SDF

花生壳粉或花生秆粉或花生根粉投入到超声波萃取罐中，依次用丙酮、60% 乙醇、木瓜蛋白酶和 α-淀粉酶处理，得到预处理好的花生壳粉或花生秆粉或花生根粉。之后，采用纤维素酶、半纤维素酶和木聚糖酶分步水解技术提取 SDF。提取 SDF 后剩余的物料作为提取 IDF 的原料。

3. 碱液提取

步骤 2 提取 SDF 后的原料投入到超声波萃取罐中，以料液比为（1∶16）～（1∶6）的量加入质量百分数为 2%～12% 的 NaOH

溶液，在温度30～80℃、超声波功率500～1 000 W、超声波频率25 kHz超声辅助碱液提取30～90 min。

4. 抽滤洗涤

碱液提取结束后，真空抽滤，弃去抽滤液，沉淀用水洗涤3～5次。

5. 酸液提取

步骤4抽滤洗涤后的沉淀投入到超声波萃取罐中，以料液比为（1∶14）～（1∶8）的量加入质量百分数为4%～10%的HCl溶液，在温度50～70℃、超声波功率500～1 000 W、超声波频率25 kHz下，超声辅助酸液提取50～100 min。

6. 抽滤洗涤

酸液提取结束后，真空抽滤，弃去抽滤液，沉淀用水洗涤3～5次。

7. 干燥

步骤6得到的沉淀在温度为65℃条件下干燥8～12 h。

8. 包装

产品包装标志花生不溶性膳食纤维含量、生产日期等，产品包装储运图示应符合GB/T 191—2008的规定。包装建议采用全自动包装方式。

19

花生原花青素提取技术

一、花生原花青素介绍

花生种皮也被称为花生红衣（图 1），常被当作废弃料制成动物饲料，直接利用价值低廉。花生红衣富含原花青素，原花青素具有抗菌抑菌、抗氧化的作用，可改善关节灵活性、预防脑病变抑制肿瘤、预防心血管等疾病，也可以降血脂血糖，预防帕金森氏病和阿尔茨海默病等氮氧相关性疾病。原花青素作为一种绿色安全的天然抗氧化剂，具有广阔的应用前景。因此，建立花生红衣原花青素提取技术，对提高花生加工副产物红衣的利用价值具有重要意义。

图 1　花生红衣

二、花生原花青素提取技术

花生原花青素提取技术分为水提法和乙醇提取法，在生产中以水提法使用较多，本书介绍用水提法提取花生原花青素。

花生红衣原花青素提取工艺流程如图 2 所示。

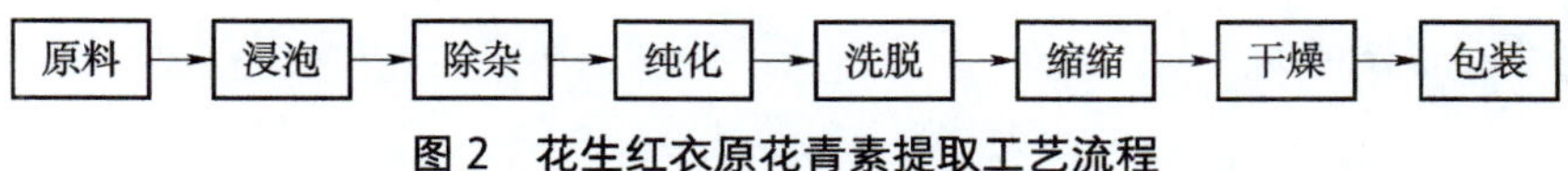

图 2　花生红衣原花青素提取工艺流程

1. 原料

原料注水前应经过筛选处理，除去其中石块、土块等杂质和霉变的原料。

2. 浸泡

应确定储水罐内无异物，将花生红衣投入到提取罐中，注入水，料液比为（1 ∶ 10）～（1 ∶ 5），浸提温度宜选择 20～60℃，浸泡 2～4 h。

3. 除杂

将浸提液通过 80 目筛过滤，获得提取液；通过离心机处理，进一步除去提取液中的红衣碎片等杂质。

4. 纯化

利用 D101 等型号的大孔树脂纯化原花青素。

5. 洗脱

使用乙醇洗脱，获得原花青素溶液。

6. 浓缩

通过浓缩蒸发设备，浓缩原花青素溶液。

7. 干燥

将浓缩液用喷雾干燥机进行干燥，设定进风温度为 170～180℃，出风温度为 80～90℃，进行喷雾干燥，收集原花青素干燥粉末，纯度≥95%，含水率＜5%。

8. 包装

产品包装标志原花青素含量、生产日期等，产品包装储运图示应符合 GB/T 191—2008 的规定。包装建议采用全自动包装方式（图 3、图 4）。

图 3　花生原花青素提取生产线

图 4　提取的花生红衣原花青素

20

花生红衣原花青素和水溶性膳食纤维联产技术

一、花生红衣原花青素介绍

花生红衣是一种红棕色膜质，性平、微苦、味甘，其所含成分包括蛋白质、脂肪、碳水化合物、粗纤维，此外还含有单宁、多种色素及微量元素等。在食品领域，花生红衣常作为天然无毒的食品添加剂，可当作天然食用红色素。花生红衣中富含原花青素。原花青素，又名浓缩丹宁，是一种多酚类的天然抗氧化剂。儿茶素、表儿茶素及表儿茶素没食子酸酯是常见的基本单元，包括 2～10 聚体。在酸性条件下受热可分解生成花青素。原花青素分子结构中存在的不对称碳原子，使其具有旋光性；含有多个酚羟基，使其极性较强，易溶于水、乙醇、甲醇等，不溶于乙醚、氯仿等有机溶剂；存在苯环结构，在紫外光区吸收较强。目前原花青素的提取方法主要有溶剂提取法、酶提取法、超临界 CO_2 提取法、超声波、微波辅助提取法等。从花生红衣中获取高附加值的原花青素和水溶性膳食纤维产品，能够变废为宝，具有很高的研究潜力和经济价值。

二、花生红衣原花青素和水溶性膳食纤维联产技术

花生红衣原花青素和水溶性膳食纤维联产技术工艺流程如图 1

所示。

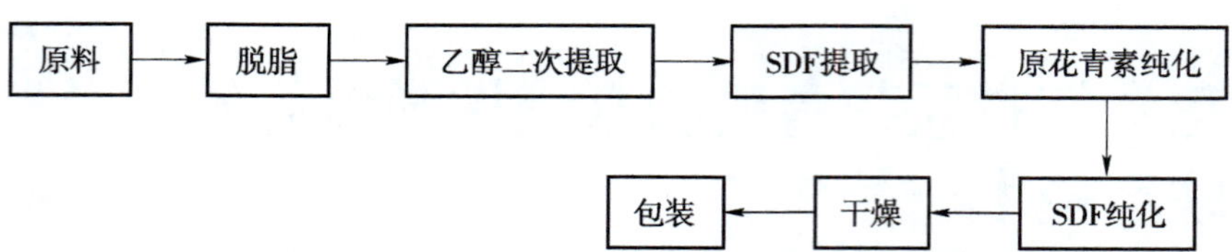

图 1　花生红衣原花青素和水溶性膳食纤维联产技术工艺流程图

1. 花生红衣原花青素和水溶性膳食纤维联产技术工艺

（1）原料

花生红衣在 80℃烘箱中干燥 6～10 h，用粉碎机粉碎过 50 目筛，取筛下物作为原料。

（2）脱脂

花生红衣粉加入沸程为 60～90℃的石油醚，料液比为 1 ∶ 10，以 150 r/min 搅拌速度，室温下搅拌 24 h，搅拌结束后，真空抽滤，在通风橱内，将花生红衣粉平铺在不锈钢盘内，使石油醚挥发，即得到脱脂的花生红衣粉。

（3）乙醇二次提取

第一次乙醇提取：脱脂的花生红衣粉投入到超声波萃取罐中，加入 50%～90% 的乙醇溶液，料液比为（1 ∶ 55）～（1 ∶ 15），混合均匀，在温度 25～65℃、超声波功率 600～1 000 W、超声波频率 25 kHz 下超声辅助乙醇提取 10～50 min；超声结束后，在 4 000 r/min 条件下离心 20 min，保留上层清液，沉淀再进行第二次乙醇提取。

第二次乙醇提取：第一次乙醇提取离心后的沉淀投入到超声波萃取罐中，加入 40%～80% 的乙醇溶液，料液比为（1 ∶ 50）～（1 ∶ 10），混合均匀，在温度 25～65℃、超声波功率 600～1 000 W、超声波频率 25 kHz 下超声辅助乙醇提取 20～60 min；超声结束后，在 4 000 r/min 条件下离心 20 min，保留上层清液，沉淀再进行 SDF 提取。

（4）SDF 提取

第二次乙醇提取离心后的沉淀投入到超声波萃取罐中，加入水，料液比为（1 ∶ 12）～（1 ∶ 8），用 0.1 mol/L 的 HCl 溶液调节混合液的 pH 值为 5.0，加入 8.5 FBG/g 花生红衣的 Viscozyme L，在温度 45℃、超声波功率 1 000 W、超声波频率 25 kHz 下超声辅助酶解 50 min；超声结束后，在 4 000 r/min 条件下离心 20 min，保留上层清液。

（5）原花青素纯化

将步骤（3）中第一次和第二次乙醇提取所得到的上清液合并，在温度为 60℃时，真空旋转蒸发浓缩得到原花青素粗提取液，之后，用水调节使原花青素粗提取液中原花青素的质量浓度为 1.0～1.25 mg/mL。采用 AB-8 大孔树脂层析柱纯化原花青素，上样流速为 0.8～1.0 mL/min，吸附时间为 160～200 min。吸附结束后，静置 30 min。之后，先用水以 1.0 mL/min 流速洗脱 10 min，再用 40% 乙醇溶液以 1.0 mL/min 流速洗脱 30～60 min，得到原花青素纯化溶液。

（6）SDF 纯化

步骤（4）中得到的上清液在温度为 70℃时，真空旋转蒸发浓缩得到 SDF 粗提取液，在此液体中加入 4 倍于 SDF 粗提取液体积的无水乙醇，搅拌混合均匀，室温下静置 12 h。静置结束后，在 4 000 r/min 条件下离心 20 min，保留沉淀。沉淀中加入 20 倍于沉淀质量的沸水，并保持沸腾状态 15 min，使沉淀溶解。之后，溶解混合液真空抽滤，保留滤液。滤液过 0.22 μm 的滤膜后，利用超滤装置纯化 SDF。先用截留分子量为 30 kDa 的超滤膜对滤液进行一级

超滤，保留透过液；再用截留分子量为 10 kDa 的超滤膜对一级超滤的透过液进行二级超滤，保留截留液。二级超滤的截留液在温度为 70℃时，真空旋转蒸发浓缩得到 SDF 纯化液，在此液体中加入 4 倍于 SDF 纯化液体积的无水乙醇，搅拌混合均匀，室温下静置 12 h。静置结束后，在 4 000 r/min 条件下离心 20 min，保留沉淀。

（7）干燥

步骤（6）得到的原花青素纯化溶液和步骤（7）得到的 SDF 沉淀在真空、温度 −55℃条件下冷冻干燥 12 h，得到原花青素和 SDF 两种产品。

（8）包装

产品包装分别标志原花青素和水溶性膳食纤维含量、生产日期等，产品包装储运图示应符合 GB/T 191—2008 的规定。包装建议采用全自动包装方式。

2. 花生红衣原花青素和水溶性膳食纤维的功能特性和抗氧化活性

花生红衣原花青素的纯度为（95.46 ± 1.27）%，平均聚合度 ≤3，溶解度为（97.56 ± 1.31）%，水溶性膳食纤维中非淀粉多糖含量为（92.68 ± 1.36）%。

光照对花生红衣原花青素稳定性的影响：花生红衣原花青素经室内避光、室内灯光和室外阳光直射 1～10 d，保存率都在 90% 以上，说明花生红衣原花青素具有较好的光照稳定性（表 1）。

表 1　花生红衣原花青素经光照的保存率

天数 /d	室内避光 /%	室内灯光 /%	室外阳光 /%
0	100	100	100
1	99.53 ± 0.96	99.21 ± 1.19	99.02 ± 1.03
2	99.21 ± 1.04	98.68 ± 1.21	97.34 ± 1.22

续表

天数 /d	室内避光 /%	室内灯光 /%	室外阳光 /%
4	98.75 ± 1.23	97.34 ± 0.92	96.61 ± 1.35
6	98.22 ± 1.03	96.61 ± 1.25	95.26 ± 1.08
8	97.69 ± 1.37	95.89 ± 1.14	94.73 ± 0.87
10	97.18 ± 1.46	95.33 ± 1.37	93.64 ± 1.42

温度对花生红衣原花青素稳定性的影响：花生红衣原花青素在4℃、20℃、40℃、60℃和80℃保存1～10 d，不同温度下花生红衣原花青素保存率如表2所示。花生红衣原花青素在40℃以下经10 d贮存保存率都在90%以上，而在60℃和80℃损失率较大，说明花生红衣原花青素对高温较敏感。

表2　花生红衣原花青素不同温度下的保存率

天数 /d	4℃ /%	20℃ /%	40℃ /%	60℃ /%	80℃ /%
0	100	100	100	100	100
1	99.71 ± 0.67	99.38 ± 0.95	98.52 ± 0.85	62.68 ± 0.86	51.85 ± 0.54
2	99.59 ± 0.72	98.76 ± 0.77	97.46 ± 0.93	57.93 ± 0.46	46.75 ± 0.63
4	99.82 ± 0.46	97.23 ± 0.59	96.32 ± 0.88	53.52 ± 0.63	41.51 ± 0.83
6	99.77 ± 0.52	96.85 ± 0.75	95.01 ± 0.63	48.64 ± 0.82	36.93 ± 0.53
8	99.61 ± 0.38	95.68 ± 0.99	94.45 ± 0.94	43.17 ± 0.49	28.42 ± 0.68
10	99.43 ± 0.44	95.12 ± 0.95	92.01 ± 1.42	39.98 ± 0.76	26.75 ± 0.46

pH值对花生红衣原花青素稳定性的影响：花生红衣原花青素在pH值1.5、pH值3.5、pH值5.5、pH值7.4、pH值9.5和pH值11.5保存1～10 d，不同pH值下花生红衣原花青素保存率如表3所示。花生红衣原花青素在pH值小于7.4的溶液中较稳定，碱性pH值条件下易损失。

表 3　花生红衣原花青素不同 pH 值下的保存率

天数 / d	pH 值 1.5/ %	pH 值 3.5/ %	pH 值 5.5/ %	pH 值 7.4/ %	pH 值 9.5/ %	pH 值 11.5/ %
0	100	100	100	100	100	100
1	83.25 ± 0.96	92.16 ± 0.83	99.12 ± 0.75	98.27 ± 0.83	62.49 ± 0.69	41.23 ± 0.52
2	82.84 ± 0.69	91.84 ± 0.43	98.73 ± 0.88	97.68 ± 0.58	56.13 ± 0.85	36.82 ± 0.68
4	82.68 ± 0.59	90.56 ± 0.62	98.52 ± 0.61	96.02 ± 0.65	51.63 ± 0.62	34.65 ± 0.76
6	83.06 ± 0.81	91.54 ± 0.59	98.41 ± 0.78	94.73 ± 0.42	45.66 ± 0.79	30.34 ± 0.77
8	83.32 ± 0.47	91.88 ± 0.64	97.86 ± 0.51	92.05 ± 0.63	42.87 ± 0.74	26.89 ± 0.82
10	82.79 ± 0.66	90.76 ± 0.72	98.05 ± 0.67	90.26 ± 0.72	38.24 ± 0.58	24.38 ± 0.71

金属离子对花生红衣原花青素稳定性的影响：花生红衣原花青素在 Na^{+}、Ca^{2+}、Zn^{2+}、Al^{3+}、Cu^{2+}、Fe^{2+} 和 Fe^{3+} 保存 1～10 d，不同金属离子溶液中花生红衣原花青素保存率如表 4 所示。花生红衣原花青素在 Na^{+}、Ca^{2+}、Zn^{2+} 的溶液中较稳定，在 Al^{3+}、Cu^{2+}、Fe^{2+} 和 Fe^{3+} 的溶液中易损失。

表 4　花生红衣原花青素不同金属离子溶液中的保存率

金属离子	1 d/%	2 d/%	4 d/%	6 d/%	8 d/%	10 d/%
Na^{+}	99.03 ± 0.68	98.42 ± 0.74	97.63 ± 0.66	96.51 ± 0.71	95.25 ± 0.64	94.79 ± 0.63
Ca^{2+}	98.57 ± 0.83	97.86 ± 0.52	96.06 ± 0.55	95.17 ± 0.62	94.13 ± 0.72	92.41 ± 0.69
Zn^{2+}	98.12 ± 0.54	97.24 ± 0.58	95.38 ± 0.76	93.11 ± 0.64	92.06 ± 0.69	90.43 ± 0.76

续表

金属离子	1 d/%	2 d/%	4 d/%	6 d/%	8 d/%	10 d/%
Al^{3+}	92.42 ± 0.67	88.87 ± 0.59	83.65 ± 0.72	79.19 ± 0.54	76.88 ± 0.53	72.29 ± 0.49
Cu^{2+}	80.51 ± 0.53	77.26 ± 0.71	73.19 ± 0.57	70.69 ± 0.58	67.83 ± 0.65	63.96 ± 0.72
Fe^{2+}	81.86 ± 0.44	77.69 ± 0.57	72.43 ± 0.68	68.76 ± 0.73	65.21 ± 0.62	61.56 ± 0.75
Fe^{3+}	70.08 ± 0.54	64.67 ± 0.48	59.35 ± 0.71	55.15 ± 0.63	52.69 ± 0.64	48.88 ± 0.57

常见食品添加剂对花生红衣原花青素稳定性的影响：花生红衣原花青素在柠檬酸（酸味剂）、苯甲酸钠（防腐剂）、抗坏血酸（抗氧化剂）、亚硫酸氢钠（还原剂）、蔗糖（甜味剂）和食盐等常见食品添加剂溶液中保存 1～10 d，不同食品添加剂溶液中花生红衣原花青素保存率如表 5 所示。花生红衣原花青素在柠檬酸、抗坏血酸、亚硫酸氢钠、蔗糖和食盐的溶液中较稳定，在苯甲酸钠的溶液中易损失。

表 5　花生红衣原花青素常见不同食品添加剂溶液中的保存率

常见食品添加剂	1 d/%	2 d/%	4 d/%	6 d/%	8 d/%	10 d/%
柠檬酸	99.26 ± 0.58	98.53 ± 0.43	98.01 ± 0.52	97.23 ± 0.65	96.72 ± 0.53	95.89 ± 0.67
苯甲酸钠	94.35 ± 0.56	92.16 ± 0.73	90.86 ± 0.49	89.18 ± 0.58	87.46 ± 0.62	85.93 ± 0.58
抗坏血酸	98.76 ± 0.75	97.06 ± 0.63	98.12 ± 0.49	96.77 ± 0.58	95.39 ± 0.72	95.73 ± 0.54
亚硫酸氢钠	99.05 ± 0.52	98.37 ± 0.63	97.72 ± 0.69	98.01 ± 0.37	95.49 ± 0.74	96.19 ± 0.55

续表

常见食品添加剂	1 d/%	2 d/%	4 d/%	6 d/%	8 d/%	10 d/%
蔗糖	98.36 ± 0.58	97.18 ± 0.62	97.54 ± 0.44	96.49 ± 0.56	95.29 ± 0.51	95.01 ± 0.45
食盐	99.16 ± 0.63	98.23 ± 0.52	97.69 ± 0.58	97.05 ± 0.56	95.87 ± 0.47	95.69 ± 0.63

花生红衣原花青素和水溶性膳食纤维的抗氧化活性如表 6 所示。花生红衣原花青素相对于水溶性膳食纤维具有较强的抗氧化活性。

表 6　花生红衣原花青素和水溶性膳食纤维的抗氧化活性

抗氧化活性	序号	回归方程	R^2	IC_{50} 值
DPPH 自由基清除率	1	$y = -0.001\ 6x^2 + 0.074\ 8x + 0.026\ 1$	0.997 1	7.58 μg/mL
	2	$y = -0.002\ 5x^2 + 0.095\ 9x + 0.031\ 2$	0.993 9	5.75 mg/mL
羟自由基清除率	1	$y = -0.000\ 4x^2 + 0.038\ 7x + 0.047\ 8$	0.991 1	13.60 μg/mL
	2	$y = -0.008\ 2x^2 + 0.139\ 4x + 0.018\ 1$	0.996 0	4.83 mg/mL
超氧阴离子自由基清除率	1	$y = 0.000\ 09\ x^2 + 0.018\ 3x + 0.061\ 8$	0.992 9	27.73 μg/mL
	2	$y = -0.001\ 3x^2 + 0.067\ 9x + 0.035\ 4$	0.994 6	8.10 mg/mL
抗脂质体过氧化抑制率	1	$y = -0.000\ 08x^2 + 0.015x + 0.046\ 5$	0.993 4	37.89 μg/mL
	2	$y = -0.000\ 4x^2 + 0.040\ 4x + 0.034\ 4$	0.995 8	13.27 mg/mL
铁还原力	1	$y = -0.000\ 1x^2 + 0.024\ 8x + 0.048\ 1$	0.996 0	19.80 μg/mL
	2	$y = -0.002\ 5x^2 + 0.095\ 3x + 0.042$	0.996 2	5.64 mg/mL
钼还原力	1	$y = -0.000\ 1x^2 + 0.019\ 8x + 0.056\ 7$	0.994 0	25.73 μg/mL
	2	$y = -0.009\ 8x^2 + 0.184\ 5x + 0.038\ 9$	0.993 7	2.97 mg/mL
铁离子螯合力	1	$y = -0.001\ 9x^2 + 0.069\ 6x + 0.025\ 3$	0.995 3	9.06 μg/mL
	2	$y = -0.009\ 9x^2 + 0.181x + 0.035\ 2$	0.994 9	3.09 mg/mL
铜离子螯合力	1	$y = -0.001\ 1x^2 + 0.053\ 9x + 0.012\ 7$	0.996 1	11.96 μg/mL
	2	$y = -0.010\ 4x^2 + 0.190\ 6x + 0.034\ 2$	0.995 5	2.90 mg/mL

注：序号 1 为花生红衣原花青素；序号 2 为水溶性膳食纤维。

21

花生红衣原花青素微胶囊制备技术

一、花生红衣原花青素微胶囊介绍

原花青素具有很强的抗氧化活性，且是一种天然色素，在保健食品、食品工业、医药和化妆品工业中广泛应用。但是，原花青素易受到光、热、氧气、pH 值、金属离子、还原剂等因素的影响使得活性降低。并且，原花青素的聚合度为 2～8 个，而聚合度高于 5 的原花青素有较明显的涩味。因此，以上这些因素限制了原花青素的应用范围。为了提高原花青素的稳定性和掩蔽涩味，采用微胶囊包埋技术是一种很好的解决途径。目前常用的微胶囊技术包括物理法（喷雾干燥法、冷冻干燥法、空气悬浮法和溶剂挥发法）、物理化学法（囊芯交换法、油相分离法、水相分离法和层层自组装法）、化学法（单凝聚法、复凝聚法、锐孔法、乳化聚合法、界面聚合法和原位聚合法）。其中，复凝聚法是利用带两种相反电荷壁材的静电、氢键及凝胶间的疏水作用形成聚电解质复合物在芯材周围沉积形成微胶囊，它是工业中常用的制备微胶囊技术，通常以蛋白质（明胶）和多糖（阿拉伯胶）作为壁材。在以原花青素为芯材，以明胶和阿拉伯胶为壁材制备的微胶囊产品中，多糖 - 蛋白质 - 多酚形成稳定络合体系，能够显著地提高原花青素的贮藏和加工稳定性，并掩盖涩味，从而扩大其应用范围。

二、花生红衣原花青素微胶囊制备技术

花生红衣原花青素微胶囊制备技术工艺流程如图 1 所示。

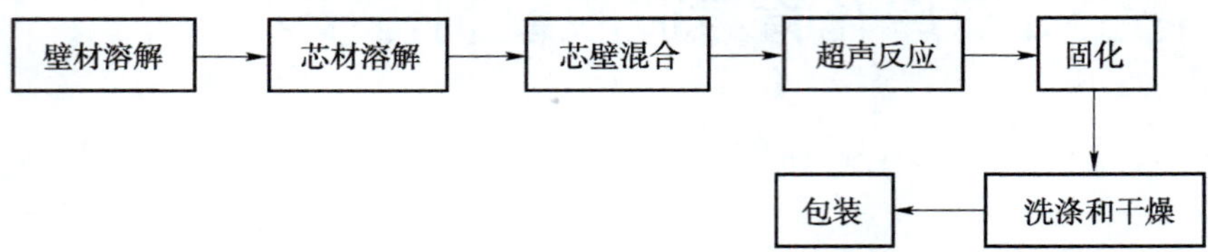

图 1　花生红衣原花青素微胶囊制备技术工艺流程图

1. 壁材溶解

在 60℃水中加入一种壁材——阿拉伯胶，加入阿拉伯胶量为 0.5～1.0 g/100 mL 水，在 300 r/min 条件下搅拌 10 min，使阿拉伯胶完全溶解。

2. 芯材溶解

另取 60℃水，在其中加入另一种壁材——明胶，加入明胶量为 0.5～1.0 g/100 mL 水，且阿拉伯胶与明胶的质量比为（1 ∶ 3）～（3 ∶ 1），在 300 r/min 条件下搅拌 10 min，使明胶完全溶解；将明胶溶液温度降至 45℃，加入芯材——花生红衣原花青素，使芯壁比为（1 ∶ 3）～（3 ∶ 1），在 300 r/min 条件下搅拌 5 min，使花生红衣原花青素完全溶解。

3. 芯壁混合，超声反应

将明胶和原花青素混合溶液投入到超声波萃取罐中，保持温度 45℃，在 300 r/min 搅拌条件下缓慢加入阿拉伯胶溶液，使成为混合反应溶液，用 10% 醋酸溶液调反应液 pH 值至 3.4，在温度 45℃、超声波功率 600～1 000 W、超声波频率 25 kHz 下超声辅助反应 25～55 min。

4. 固化

超声辅助反应结束后，立即将反应液温度降至 10℃，在反应混合溶液中加入转谷氨酰胺酶（TG 酶），加入 TG 酶量为 20～30 g/100 g 明胶，在超声波功率 1 000 W、超声波频率 25 kHz、300 r/min 搅拌条件下超声辅助固化 15 min，固化结束后，将反应混合溶液在 4℃冰箱中静置 12 h，使微胶囊沉降。

5. 洗涤和干燥

将步骤 4 中的固化液真空抽滤，弃去抽滤液，并用水洗涤微胶囊 3～4 次，之后，微胶囊在 -55℃条件下冷冻干燥 14～18 h。

6. 包装

产品包装标志花生红衣原花青素含量、生产日期等，产品包装储运图示应符合 GB/T 191—2008 的规定。包装建议采用全自动包装方式。

22

花生壳类黄酮提取加工技术

一、花生壳类黄酮简介

花生壳是花生加工过程中产生的废弃物，约占花生产量的30%。目前，除少量花生壳用作栽培基质、木材胶黏剂、污水吸附剂外，大多用作燃料，造成资源浪费，不利于低碳环保。花生壳在民间会被用于煮水泡脚以预防缓解因真菌引起的脚气等皮肤炎症，在《全国中草药汇编》中记录了花生壳具有敛肺止咳的功效，用于久咳气喘，咳痰带血。花生壳中富含类黄酮，具有抗菌消炎、抗敏抗癌、抗血栓、调节免疫力等多种生理功能。花生壳类黄酮以木犀草素、圣草酚、5,7-二羟基色原酮为主要组成成分，还包括槲皮素、香叶木素、大风子素等，是当前深受人们关注的功能活性物质，在食品、医药、化学品等多个领域中开发应用（图1）。

图1　花生壳类黄酮提取物

二、花生壳类黄酮提取技术

1. 花生壳类黄酮有机溶剂提取技术

花生壳类黄酮提取技术以有机溶剂提取法使用较多，本书介绍用乙醇提法提取花生壳类黄酮。

花生壳类黄酮提取工艺流程如图 2 所示。

原料 → 水洗 → 过滤 → 乙醇浸提 → 除杂 → 纯化 → 浓缩 → 干燥 → 包装

图 2　花生壳类黄酮提取工艺流程图

（1）原料

原料经筛选处理，除去其中的杂质和霉变的原料。

（2）水洗

原料经粉碎，投入到搅拌式浸提罐中，注水，料液比（1∶30）～（1∶20），温度 30～40℃，搅拌速度 20～40 RPM，水洗 1～1.5 h。

（3）过滤

水洗液通过 80 目筛过滤，放出滤液，保留原料。

（4）乙醇浸提

向水洗过的原料中注入乙醇溶液，乙醇浓度为 40%～60%，料液比（1∶30）～（1∶20），温度 30～40 ℃，搅拌速度 20～40 RPM，浸提 1～2 h。

（5）除杂

浸提液通过 80 目筛过滤，获得提取液；通过离心机处理，进一步除去提取液中的滤渣等杂质。

（6）纯化

提取液通过 D101 型等非极性大孔树脂纯化柱，上样液 pH 值 5～6，上样流速 0.75～1.0 BV/h；洗脱液为浓度 70%～80% 的乙醇溶液，pH 值 9～10，洗脱流速 1.0～1.5 BV/h；收集洗脱流出的类黄

酮溶液。

（7）浓缩

类黄酮溶液通过低温浓缩蒸发设备，浓缩至原体积 1/10～1/5。

（8）干燥

浓缩液经冷冻干燥机进行干燥，真空度 10～30 Pa，制冷温度 -40～-35℃，收集类黄酮冻干粉，含水率＜5%。

（9）包装

产品采用避光防潮包装，标明黄酮类化合物含量、生产日期、质量等，符合《防潮包装》（GB/T 5048—2017）、《包装储运图示标志》（GB/T 191—2008）的规定。

2. 花生壳类黄酮波谱辅助提取技术

波谱辅助提取技术以超声波辅助提取法使用较多，本书介绍超声波辅助乙醇提取法提取花生壳类黄酮。

超声波辅助乙醇提取花生壳类黄酮工艺流程如图 3 所示。

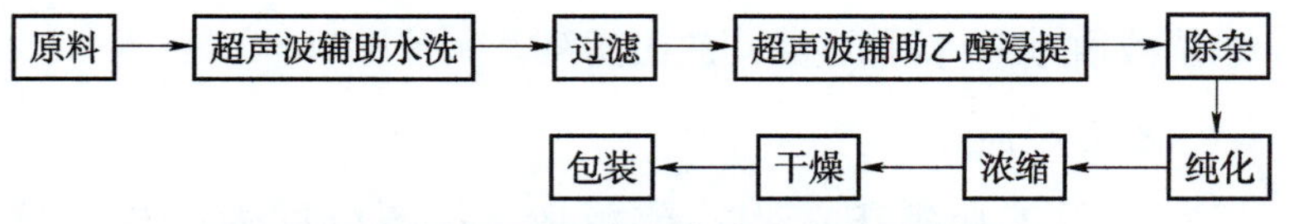

图 3　超声波辅助乙醇提取花生壳类黄酮工艺流程

（1）原料

原料经筛选处理，除去其中的杂质和霉变的原料。

（2）水洗

原料经粉碎，投入循环超声波浸提机中，注水，料液比（1∶30）～（1∶20），超声波功率 200～400 W，超声波频率 20～40 kHz，水洗 10～20 min。

（3）过滤

水洗液通过 80 目筛过滤，放出滤液，保留原料。

（4）乙醇浸提

向水洗过的原料的中注入乙醇溶液，乙醇浓度为 30%～50%，料液比（1∶30）～（1∶20），超声波功率 200～400 W，超声波频率 20～40 kHz，浸提 30 min 至 1 h。

（5）除杂

浸提液通过 80 目筛过滤，获得提取液；通过离心机处理，进一步除去提取液中的滤渣等杂质。

（6）纯化

提取液通过 D101 型等非极性大孔树脂纯化柱，上样液 pH 值 5～6，上样流速 0.75～1.0 BV/h；洗脱液为浓度 70%～80% 的乙醇溶液，pH 值 9～10，洗脱流速 1.0～1.5 BV/h；收集洗脱流出的类黄酮溶液。

（7）浓缩

类黄酮溶液通过低温浓缩蒸发设备，浓缩至原体积（1∶10）～（1∶5）。

（8）干燥

浓缩液经冷冻干燥机进行干燥，真空度 20～30 Pa，制冷温度 -40～-35℃，收集类黄酮冻干粉，含水率＜5%。

（9）包装

产品采用避光防潮包装，标明类黄酮含量、生产日期、质量等，符合《防潮包装》（GB/T 5048—2017）、《包装储运图示标志》（GB/T 191—2008）的规定。

三、花生壳类黄酮主要性质

1. 稳定性

花生壳类黄酮在避光与自然光条件下具有较好的稳定性，但长时间处于紫外光下，稳定性大幅降低，当暴露于紫外光 4 d 时，稳定性降低 50% 以上（图 4a）。花生壳类黄酮的热稳定性不佳，温度升高，稳定性降低，当温度高于 70℃时，稳定性降低了约 50%（图 4b）。花生壳类黄酮在 pH 值 5～10 的范围内较为稳定，强酸强碱会破坏其稳定性（图 4c）。

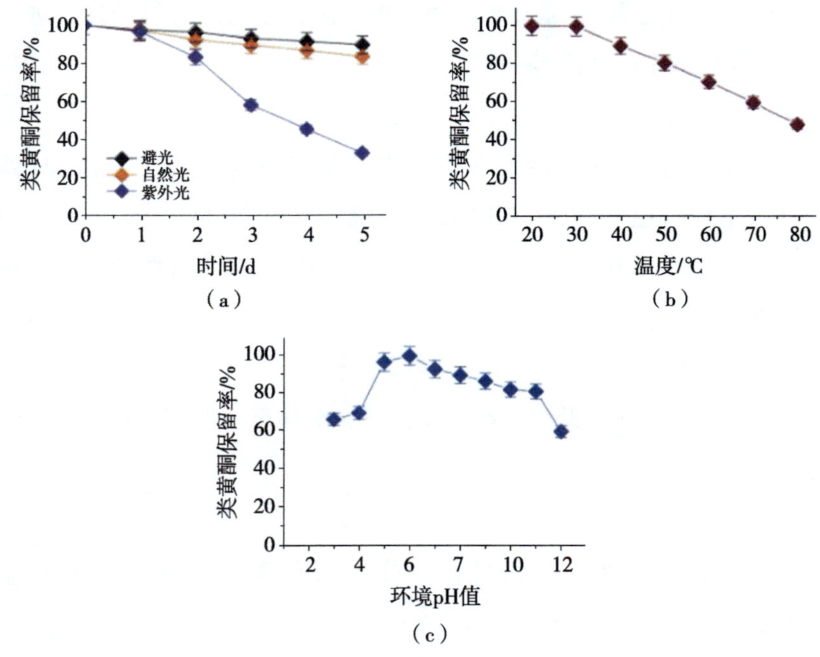

图 4　花生壳类黄酮的稳定性

2. 抗氧化性

花生壳类黄酮对 $ABTS^+$ 和 DPPH 自由基均具有清除作用。在试验范围内，花生壳类黄酮质量浓度增加，对 $ABTS^+$ 自由基的清除率提高；在 5～100 μg/mL 的浓度范围内，花生壳类黄酮质量浓度增加，对 DPPH · 的清除效果增加，高于 100 μg/mL，花生壳类黄酮对 DPPH · 的清除率增长幅度较小（图 5a）；与市售抗氧化剂 BHT 对

ABTS⁺·和DPPH·的清除能力（图5b）相比，花生壳类黄酮清除自由基的能力较弱。

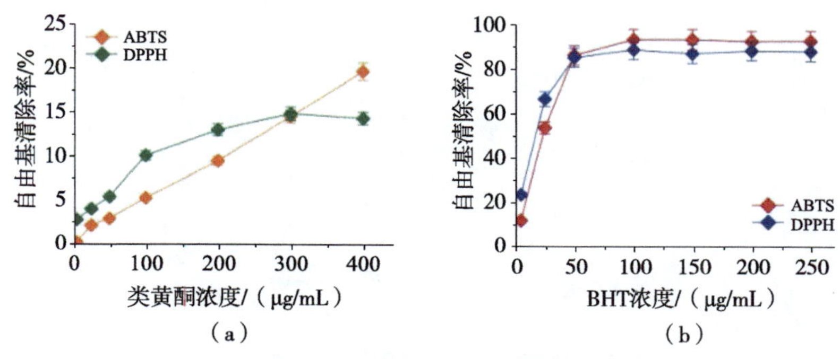

图5　花生壳类黄酮的抗氧化活性

3. 抑菌性

花生壳类黄酮具有广泛的抑菌谱，能够有效抑制大肠杆菌、金黄色葡萄球菌、副溶血性弧菌、枯草芽孢杆菌、蜡样芽孢杆菌、铜绿假单胞菌、沙门氏菌、志贺氏菌等细菌，对尖孢镰刀菌、黄曲霉、米曲霉等丝状真菌也有明显的抑制作用。此外，研究还发现花生壳类黄酮的添加影响了青枯劳尔氏菌和黑曲霉的菌落形态，但对乳酸杆菌、醋酸杆菌和酵母菌没有明显的抑制效果（图6）。

四、花生壳类黄酮包封技术

为了保持类黄酮的结构完整性和生物活性，可采用多种方法将其进行包封。广泛应用的包封技术包括喷雾干燥法、冷冻干燥法、复凝聚法、脂质体、分子包埋法等包封体系，本书介绍具有制备简单、负载能力高、耐热、释放控制好、释放时间长、能承受机械应力等优点的复凝聚法包封花生壳类黄酮。

复凝聚法包封花生壳类黄酮工艺流程如图7所示。

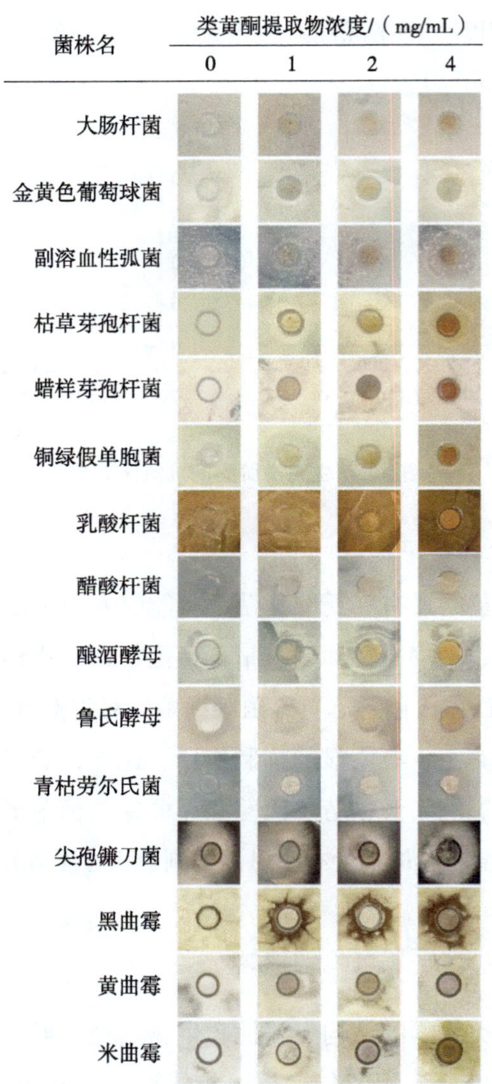

图 6　花生壳类黄酮的抑菌性

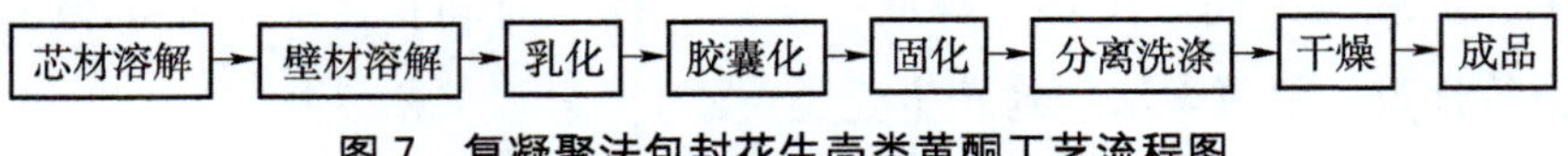

图 7　复凝聚法包封花生壳类黄酮工艺流程图

（1）芯材溶解

以花生壳类黄酮为芯材，采用无水乙醇溶解类黄酮，使类黄酮浓度为2%～3%，获得芯材溶液。

（2）壁材溶解

以明胶与羧甲基纤维素钠为复合壁材，将明胶与羧甲基纤维素钠（CMC）按比例（7∶1）～（9∶1）混合，加入蒸馏水，使壁材浓度为0.5%～1.0%，获得复合壁材溶液。

（3）乳化

将芯材溶液按芯壁比（1∶4）～（1∶3）（v/v）的比例在搅拌条件下缓慢加入到复合壁材溶液中，混合均匀后，继续加入乳化剂单甘酯，搅拌乳化，单甘脂用量为壁材总质量的2%～3%，搅拌速度为3 000 r/min，乳化时间为1～3 min。

（4）胶囊化

采用浓度为1%～3%的醋酸溶液调节混合液pH值3～4.5，于一定温度下搅拌反应，反应温度为40～45℃，搅拌速度为300 r/min，反应时间为30 min。

（5）固化

采用浓度为1%～3%的氢氧化钠溶液调节混合液pH值6～6.5，于4～10℃下加入谷氨酰胺转胺酶（TG酶）固化1 h，获得类黄酮微胶囊溶液。

（6）分离洗涤

将类黄酮微胶囊溶液静置沉降、洗涤过滤，获得湿胶囊。

（7）干燥

湿胶囊经冷冻干燥机进行干燥，真空度20～30 Pa，制冷温度-40～-35℃，收集干燥的类黄酮微胶囊，含水率＜5%。

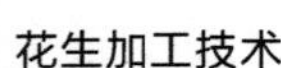

（8）成品

产品采用防潮包装，标明类黄酮含量、生产日期、质量等，符合《防潮包装》（GB/T 5048—2017）、《包装储运图示标志》（GB/T 191—2008）的规定。

23

花生茎叶助眠成分提取技术

一、花生茎叶助眠成分简介

花生茎叶具有“昼开夜合”的特点，因此，国内外研究者对花生茎叶助眠功效研究较早。在我国，花生茎叶的药用历史最早可追溯至明洪武年间，其治疗失眠、抗抑郁、抗焦虑的作用在著名药典《滇南本草》《浙江药用植物志》以及《中药大辞典》中均有记载。目前，已有研究确认花生茎叶水提物中具有镇静催眠成分，其中的芳樟醇、阿魏酸、柚皮素-4,7-二甲醚和2’-O-甲基异甘草素是改善睡眠作用的4种物质基础，芳樟醇能够显著干预小鼠大脑中与睡眠相关的4条信号通路，阿魏酸能通过干预不同脑域中与睡眠相关的4条信号通路，从而实现对睡眠的积极调控。

二、花生茎叶助眠成分提取技术

花生茎叶助眠成分的提取技术主要为水提法和有机溶剂提取法，在生产中以水提法使用较多，本书介绍采用水提法提取花生茎叶助眠成分。

花生茎叶助眠成分提取工艺流程如图1所示。

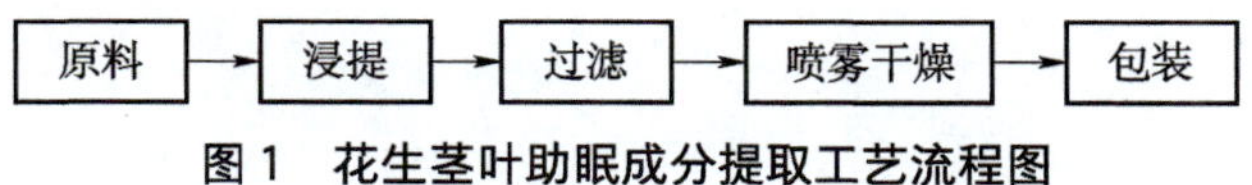

图1　花生茎叶助眠成分提取工艺流程图

1. 原料

花生茎叶经过筛选处理，除去其中的石块、土块和病变的原料。筛选后的原料经过流水清洗后晾干，再经过粉碎机粉碎，粉碎度为30～60目。

2. 浸提

将粉碎后得花生茎叶投入至提取罐中，注水，料液比为（1∶50）～（1∶25），浸提温度宜选择40～60℃，浸提时间为1～2 h。

3. 过滤

将浸提液通过60～80目筛过滤，获得提取液；通过离心机处理，进一步除去提取液中的花生茎叶碎片等杂质。

4. 喷雾干燥

将提取液通过喷雾干燥机进行干燥，设定进风温度为170～180℃，出风温度为80～90℃，进行喷雾干燥，收集花生茎叶提取物干燥粉末，含水率<5%。

5. 包装

采用全自动包装方式对花生茎叶提取物进行包装，产品基本成分和水浸出物含量符合《袋泡茶》（GB/T 24690—2018）的规定。

24

安神促睡眠花生叶茶加工技术

一、花生叶茶介绍

根据世界卫生组织调查，世界上 27% 的人存在睡眠问题。对中国 6 个城市的市场调研显示，成年人一年内的失眠患病率高达 57%。医学研究表明，失眠会导致第二天身心俱疲、注意力不集中等问题，不仅影响人的情绪，还会危害人类健康。当前，治疗失眠症多采用的是西药，可以在一定程度上改善睡眠质量，但长期用药，患者容易出现耐药性以及不良反应，影响治疗效果和预后。传统中医药的特色正在于辨证施治，并且具有不良反应少、可长期服用等优势。因此，从中草药和天然植物中寻找理想的具有促睡眠功能的替代物，已经受到了人们的重视。

花生叶是花生（*Arachis hypogaea* L.）地上部分的枝叶，中药名叫落花生枝叶，有养心安神的功效，是一种安全有效的天然助眠药。《神农本草经疏》《滇南本草》等知名药典中记载，将花生叶用水煎服，可以治疗失眠症。我国每年种植花生面积超 7 000 多万亩（1 亩 ≈ 667 m^2），产生的花生茎叶（干重）超 100 万 t，原料资源丰富。花生叶经过制茶工艺处理后获得的花生叶茶（图 1），在消除鲜叶青臭味的基础上，提升了茶香气，并改善了口感，使花生叶茶符合传统饮茶方式，更有利于大规模推广。而且经炒制后，花生叶茶

售价为 130～150 元 / 斤（1 斤 =500 g），经济效益显著提升。通过开发花生叶茶等新产品，能够促进花生资源的综合利用，进一步延长花生产业链，助力花生产业的发展。

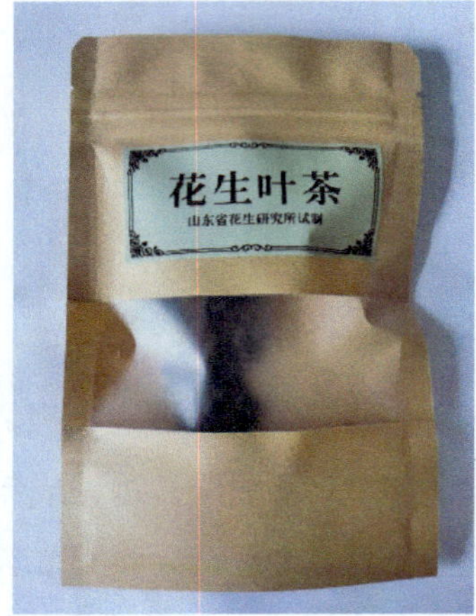

图 1　花生叶茶产品图片

二、花生叶茶制备技术

花生叶茶的生产工艺如图 2 所示。

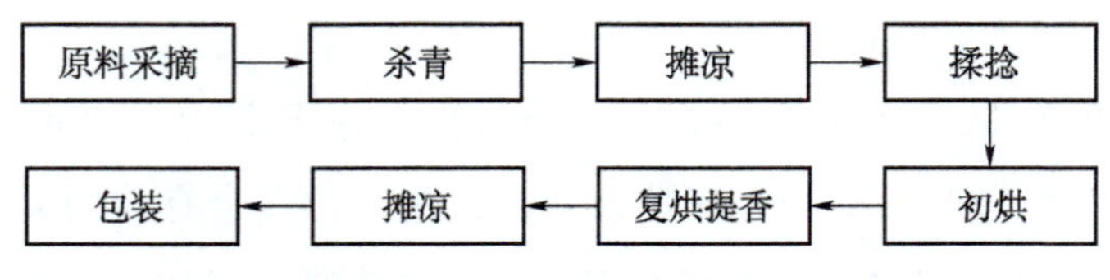

图 2　花生叶茶的生产工艺

1. 原料采摘

采摘成熟的、新鲜的、无病虫害的花生叶（图 3），除杂后备用。

图 3　采摘的花生鲜叶清洗干净，摊开晾干

2. 杀青

将采摘好的花生叶送入滚筒式杀青机，利用热风杀青法进行杀青处理，热风温度为 150～170℃，杀青时间为 4～6 min（图 4）。

图 4　将花生叶送入热风杀青机

3. 摊凉

将杀青后的花生叶薄摊在竹匾上，吹凉至室温。

4. 揉捻

将摊凉后的花生叶放入揉捻机进行揉捻处理，揉捻时间为 20～40 min，至叶片卷曲成条且手搓叶片有黏稠感即可（图 5）。

图 5　对杀青后的花生叶进行揉捻处理

5. 初烘

将揉捻后的花生叶放入圆筒烘干机中进行烘干处理，烘干温度 60～80℃，烘干时间 30～50 min。

6. 复烘提香

将初烘后的花生叶放进 140～160 ℃热锅中继续焙炒 20～40 min，每隔 5 min 翻动 1 次，使其受热均匀，使花生叶所含水分进一步蒸发至 5% 以下，然后摊凉至室温得到花生叶茶（图 6）。

图 6　对炒好的花生叶进行复烘提香

7. 包装

将花生叶茶筛选除去碎末后进行包装。

三、花生叶茶的感官评价

对花生叶水煎液和花生叶茶冲泡液进行感官评价，结果如表 1 所示。花生叶茶汤色明亮、香气浓郁、口感甘甜柔滑，适合不同年龄段人群长期饮用，且具有促睡眠的功效；而花生叶水煎液汤色淡黄并略带浑浊，香气较淡且青臭味突出，口感苦涩，消费者不易接受。

表 1　花生叶水煎液和花生叶茶的感官评价和功效

项目	色泽	气味	滋味
花生叶茶	黄色明亮	香气浓郁	口感甘甜柔滑
花生叶水煎液	淡黄略混浊	香气淡，青臭味突出	滋味不够，口感苦涩

25

富硒花生叶茶制备技术

一、富硒花生叶茶介绍

硒是人体必需的微量元素，参与合成人体内多种含硒酶和含硒蛋白。硒能提高人体免疫力，促进淋巴细胞的增殖及抗体和免疫球蛋白的合成，并对结肠癌、皮肤癌、肝癌等多种癌症具有明显的抑制和防护作用。膳食硒是机体硒的主要来源，但普通食品中含硒量较低，可以通过食用富硒食物来提高机体硒含量。通过科学方法生产富硒植物，可以显著改善植物的品质，提高含硒量，对于缺硒地区人群补硒和预防各类癌症疾病有重要的意义。我国花生种植面积大，花生年产量和消费量均居世界首位，花生生产和消费具有绝对优势。因此，通过建立富硒花生叶茶制备技术，利用花生茎叶生产富硒花生叶茶，不仅原料充沛、制作工艺简单，而且对改善睡眠、增强免疫力效果明显，有利于增强国民身体健康。

二、富硒花生叶茶制备技术

1. 种植

花生按常规方法种植，在盛花期向花生枝叶喷施 1 次有机硒肥，在花针期至结荚期再向花生枝叶喷施 1 次有机硒肥，共喷施两次，选择阴天或晴天下午施肥，每次喷施 3 遍，使花生叶中富硒。有机硒肥中硒代氨基酸含量大于 99%，肥料中有机硒含量为 60 mg/L；第二次喷施有机硒肥 23 d 后，采摘颜色正常健康的富硒花生叶。

2. 晾晒

将采摘后的富硒花生叶置于阴凉通风处，平铺放置 60 min，至花生叶面干燥无水。

3. 杀青

将晾晒好的富硒花生叶送入滚筒式杀青机，利用热风进行杀青处理，热风温度为 150 ℃，杀青时间为 6 min。

4. 摊凉

将杀青后的富硒花生叶薄摊在竹匾上，摊凉至室温。

5. 揉捻

将摊凉后的富硒花生叶放入揉捻机进行揉捻处理，揉捻时间为 40 min，至叶片卷曲成条且手搓叶片有黏稠感即可。

6. 烘干

将揉捻后的富硒花生叶放入圆筒烘干机中进行烘干处理，烘干温度为 70 ℃，烘干时间为 35 min。

7. 复烘提香

将初烘后的富硒花生叶放进 140℃热锅中继续焙炒 22 min，每隔 5 min 翻动 1 次，使其受热均匀，使富硒花生叶所含水分蒸发至 5% 以下。

8. 摊凉

将复烘后的富硒花生叶茶再次摊凉。

9. 包装

将富硒花生叶茶筛选除去碎末后进行包装。

26

优质花生酱加工原料分级筛选技术及花生酱加工技术

一、技术简介

花生是我国重要的经济作物之一，年产量居世界首位。我国花生 50% 以上用于榨油，40% 以上用于食用。2001 年后，我国花生榨油比相对平稳，但花生食品加工比重逐年增加，而且随着人们对营养健康产品需求的不断提高，花生食品种类将不断增加，花生食品已成为花生加工的未来趋势。

花生酱是一种人们喜爱的花生食品，以优质花生米为原料加工制成，有浓郁的烤花生香味。花生酱分为颗粒型、幼滑型以及原酱等多种产品（图 1）。我国花生酱产量占全球的 6.60%，但货架期平均比欧美短 3～5 倍，售价和利润仅为欧美的 30%。我国生产的花生酱用于内销和出口各占一半，其中内销花生酱中，原酱占比达 85% 以上，而原酱的 95% 以上用于火锅蘸料等。目前，我国花生酱加工业仍面临着以下几大问题，如原料混收混用、同质化模式严重、产品品质有待提升以及产品结构单一等。亟须开发优质花生酱加工原料分级筛选技术，提高原料品质，并开发新产品。

图 1　花生酱

二、花生酱加工原料分级筛选技术及加工技术

花生酱生产工艺如图 2 所示。

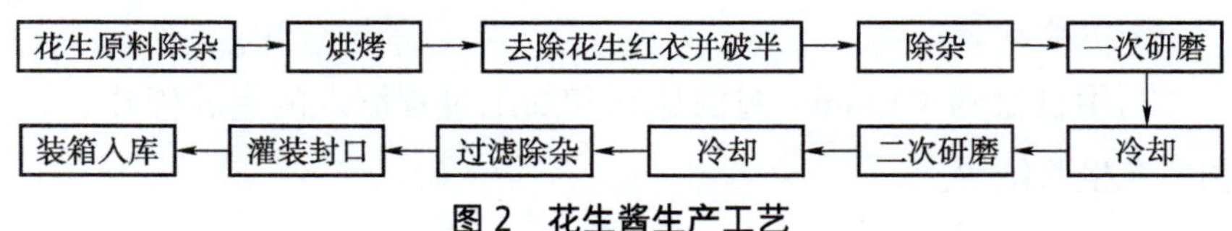

图 2　花生酱生产工艺

1. 花生原料除杂

将花生原料倒入去石机料斗，选择合适的筛网，除去石块、土块等杂质。

2. 烘烤

将筛选过的花生原料送入烤炉，定时查看温度并做好记录，要求温度在 135～195℃，严格按照标准进行温度、时间控制，根据产品要求调整烤炉温度、频率、料的厚度，调整相应的参数后要及时记录，烤好后进行冷却。

3. 去除花生红衣并破半

根据脱皮效果，随时调整脱皮机的松紧、进料厚度、速度，将整粒花生破半；及时检查将红衣全部吹出。

4. 去除杂质

通过振动筛和色选机，去除花生中的杂质，去除红皮、霉粒等；利用 X- 光机，去除产品中的异物碎片；利用磁铁，去除产品中铁异物。

5. 研磨

开机前检查设备各个零部件是否松动、脱落等，清洁消毒后启动粗磨，预热 5～10 min，先开输酱泵再开喂料器，然后进行管道磁铁检查；每小时观察粗磨酱的温度，每小时检查 1 次缓冲罐的液位，并做好记录，对花生进行一次研磨。利用磁铁，去除吸引加工过程中的铁异物。开启细磨机，进行花生酱二次研磨。

6. 过滤除杂

利用过滤网（1 mm）过滤原料和加工过程混入的金属碎片、异物、花生酱结块。

7. 灌装封口

将灌装好花生酱进行旋盖，并检查盖内有无异物，有无内垫，内垫是否统一，瓶盖是否变形等。旋好盖花生酱进行封口，热封过程中随时检查确保热封质量，发现异常及时调整。

8. 装箱、入库储存

装箱时要检查喷码和标签是否合格，如有不合格立即检出并隔离单独处理。装好箱的产品清点后入成品库。

27

油炸花生仁加工技术

一、油炸花生仁介绍

油炸花生仁是我国的传统加工食品，经常出现在餐桌上，其口感入口香脆，余味悠长，深受人民群众喜爱（图 1）。

图 1　花生仁

二、油炸花生仁加工技术

1. 原料验收储存

符合原料验收标准，该批原料合格，储存至原料仓库。

2. 拆包投料去石、色选

拆包投料去石，将原料拆包倒入料斗，通过去石机将其中混入的砂石等杂物除去；利用振动筛，去除破碎粒、非花生异物（石块、泥块、玉米粒等）；通过色选技术，去除破半、发芽粒、霉变粒等异物。

3. 浸泡

常用的28/30和30/34规格的花生，在90℃左右的水中浸泡100 s左右。

4. 脱皮和色选

经脱皮机脱去花生红衣，得到花生仁；花生仁进入色选机，去除红皮、坏粒、霉粒、杂质等。

5. 冷藏

冷藏温度为22～24℃，湿度55%～80%，根据不同规格，调整带速，确定冷藏时间。

6. 油炸

油炸温度（150±15）℃，时间（5±2）min（由于原料不同，导致温度时间跨度比较大），注意与标准品色泽的比较，每锅新油使用起每日检测酸价，要求酸价≤5 mg（KOH）/g，否则换新油。

7. 沥油调味

油炸后，沥油，根据需求加入食盐等调味。

8. 冷却

经风机冷却，将油炸后花生迅速降温。

9. 筛选去除杂质、不合格产品

利用振动筛，将半粒、破碎粒振动筛出；利用智能色选机，筛选去除红皮、坏粒、杂质等。

10. 金属探测

检测出产品、加工过程中的金属异物。

11. 称量包装

将包材进行臭氧灭菌；按要求的重量装袋，称重准确，封口平直、牢固、位置正确。纸箱坚固、印刷正常，有效期限等标记完整正确。胶箱牢固，堆放整齐。

12. 入库储存

将装好箱的产品清点后入成品库。

28

烤花生果加工技术

一、烤花生果介绍

烤花生果是我国的传统加工食品，常作为零食，口感酥脆，深受人民群众喜爱（图 1）。

图 1　烤花生果

二、烤花生果加工技术

1. 花生果的清洗

将原料库内花生原料运输到生产车间后拆包上料洗去花生果附带的泥沙等异物，花生果表面清洁。清洗后的花生果通过沥水带进行沥水，尽可能减少花生果表面的水分。

2. 低温烘干

对花生果低温烘干，降低花生果表面水分。

3. 色选机

通过颜色挑选出不合格果。

4. 高温烘烤

在烘箱中进行烘烤，温度在（200±60）℃，烘烤时间约为50 min。

5. 色选机筛选

通过颜色挑选出不合格果。

6. 拣选

选出色泽不良、机械伤、过熟或不熟果。

7. 磁铁和金属探测

所有产品必须经过磁铁和金属探测器检测，去除金属杂质。

8. 包装材料验收

依照标准要求验收进厂的纸袋、塑料袋、纸箱，须为合格供方产品。

9. 称量装袋

按顾客要求的重量装袋，称重准确，封口平直、牢固、位置正确。

10. 装箱入库储存

纸箱坚固、印刷正常，有效期限等标记完整正确。胶箱牢固，堆放整齐，将装好箱的产品清点后入成品库。

参考文献

毕洁，杨庆利，朱凤，等，2009. 超声辅助碱液提取花生壳黄酮的研究 [J]. 食品科学，30（22）：61-65.

毕洁，于丽娜，王明清，等，2021. 花生壳黄酮的提取纯化工艺 [J]. 中国油料作物学报，43（5）：933-941.

曾益坤，2002. 油脂加工工艺与设备 [M]. 北京：中国财政经济出版社 .

杜蕾，谷令彪，位子昂，等，2022. 酶解法提取花生壳黄酮及其抗氧化性、抑菌性研究 [J]. 中国调味品，47（1）：195-199.

付晶晶，2018. 核桃叶黄酮类提取物微胶囊化及其在功能性饮料中的应用 [D]. 淄博：山东理工大学 .

胡相友，2020. 15 000 t 淋浇浸出法固稀发酵酱油车间物料平衡计算 [J]. 食品与发酵科技，56（5）：64-71.

江晨，林荣丽，毕洁，等，2017. 微波辅助酶解花生粕同步提取多糖和抗氧化肽的工艺研究 [J]. 花生学报，46（1）：44-52.

江晨，齐宏涛，于丽娜，等，2021. 响应面优化花生蛋白抗菌肽制备工艺 [J]. 山东农业科学，53（11）：111-119.

矫丽媛，吕敬军，陆丰升，等，2010. 花生分离蛋白提取工艺优化研究 [J]. 食品科学，31（20）：196-201.

李峰，2009. 物理精炼浸出花生油工艺简介 [J]. 中国油脂，34（9）：

17-18.

李红霞，吕敬军，陆丰升，等，2010. 黑曲霉固态发酵花生壳提取水溶性膳食纤维 [J]. 食品科学，31（19）：277-282.

李红霞，王世清，于丽娜，等，2010. 微波提取花生茎中水溶性膳食纤维的工艺优化 [J]. 食品科学，31（22）：221-225.

梁小玲，张巧苑，李洁珠，2022. 酱油酿造工艺分析 [J]. 现代食品，28（8）：65-67.

廖建庆，王涵，虞贵财，2022. 超声波辅助花生壳中提取黄酮工艺的研究 [J]. 中国粮油学报，37（3）：142-147.

刘洪对，于丽娜，高俊安，等，2013. 五种花生抗氧化肽体外抗氧化活性比较 [J]. 核农学报，27（8）：1162-1167，1172.

马嘉怡，裴宇芳，杨超，等，2024. 枸杞叶黄酮微胶囊的制备及消化稳定性与生物活性评价 [J]. 食品工业科技（18）：49-62.

明强强，于丽娜，杨庆利，等，2014. 黑曲霉固态发酵制备花生蛋白肽及抗氧化活性研究 [J]. 食品科技（2）：17-22.

明强强，于丽娜，张伟，等，2013. 乳酸菌固态发酵制备花生蛋白肽及抗氧化活性研究 [J]. 花生学报，42（3）：8-15.

明强强，于丽娜，张伟，等，2014. 酵母固态发酵制备花生蛋白肽及抗氧化活性研究 [J]. 酿酒科技（5）：25-30.

亓永，陶景聪，2015. 烧碱、纯碱用于压榨花生油脱酸的比较研究 [J]. 粮食与油脂，28（1）：63-65.

沈文凤，王明清，赵传志，等，2023. 花生红衣原花青素的提取工艺及抗氧化活性研究 [J]. 山东农业科学，55（1）：144-149.

王明清，于丽娜，万书波，等，2022. 花生红衣原花青素提取技术规程：T/SAASS 75—2022[S]. 济南：山东农学会 .

王世清，于丽娜，杨庆利，等，2012. 超滤膜分离纯化花生壳中水溶性膳食纤维 . 农业工程学报，28（3）：278-282.

熊忠飞，2023. 酱油酿造工艺技术研究进展 [J]. 食品安全导刊（26）：184-186.

许婷婷，齐宏涛，于丽娜，等，2017. 抑制 α - 葡萄糖苷酶的花生蛋白活性肽制备工艺研究 [J]. 食品安全质量检测学报，8（8）：2885-2891

杨伟强，杜德红，江晨，等，2020. 超声波辅助花生浓缩蛋白糖基化改性研究 [J]. 食品安全质量检测学报，11（3）：830-840.

易九龙，梁亮，董修涛，等，2014. 日式风味酱油酿造工艺的开发及关键技术研究 [J]. 农产品加工（学刊）（8）：26-27，31.

于丽娜，杜德红，彭娅萍，等，2018. 响应面法优化磷酸化改性花生分离蛋白膜制备工艺 [J]. 食品安全质量检测学报，9（16）：4269-4279.

于丽娜，杜德红，彭娅萍，等，2019. 响应面法优化磷酸化改性花生分离蛋白 - 多肽膜的制备工艺 [J]. 中国油料作物学报，41（1）：130-143.

于丽娜，杜德红，彭娅萍，等，2017. 响应面法优化限制性酶解花生浓缩蛋白制备工艺研究 [J]. 花生学报，46（4）：52-59.

于丽娜，杜德红，张初署，等，2018. 响应面法优化微波辅助酶解制备 α - 葡萄糖苷酶抑制活性肽工艺 [J]. 食品工业科技，39（4）：

117-122，136.

于丽娜，宫清轩，杨庆利，等，2010. 双酶分步水解制备花生多肽工艺优化 [J]. 食品科学，31（20）：220-225.

于丽娜，宫清轩，杨庆利，等，2011. 花生秆水溶性膳食纤维的超声波提取及抗氧化活性研究 [J]，花生学报，40（2）：1-6.

于丽娜，齐宏涛，彭娅萍，等，2019. Viscozyme L 预处理花生粕提取花生浓缩蛋白的研究 [J]. 粮油食品科技，27（1）：34-40.

于丽娜，齐宏涛，张初署，等，2018. 响应面法优化超声波辅助酶解制备花生蛋白抗菌肽 [J]. 核农学报，32（4）：740-750.

于丽娜，孙杰，刘少芳，等，2013. 花生抗氧化水解产物制备及其抗氧化活性研究 [J]. 核农学报，27（2）：188-196.

于丽娜，王玮，孙杰，等，2014. 花生非淀粉多糖和抗氧化肽同步提取技术研究 [J]. 花生学报，43（1）：7-15.

于丽娜，杨庆利，毕洁，等，2008. 花生壳水溶性膳食纤维提取工艺的研究 [J]. 现代化工，28（S2）：324-327.

于丽娜，杨庆利，毕洁，等，2009. 花生壳水溶性膳食纤维不同提取工艺及其抗氧化活性研究 [J]. 食品科学，30（22）：27-32.

于丽娜，杨庆利，孙杰，等，2012. 不同处理条件对花生抗氧化肽抗氧化活性的影响 [J]. 食品科学，33（11）：104-110.

于丽娜，杨庆利，禹山林，等，2010. 花生壳不溶性膳食纤维提取工艺的研究 [J]. 食品科学，31（2）：74-78.

于丽娜，杨庆利，禹山林，等，2010. 花生壳水溶性膳食纤维酶法提取及抗氧化研究 [J]. 食品研究与开发，31（10）：158-163.

于丽娜，杨庆利，禹山林，等，2010. 花生膳食纤维的研究开发与应用 [J]. 食品工业科技，31（3）：376-380.

袁榕，张丽新，王宝刚，等，2011. 油茶籽油物理精炼工艺实践 [J]. 粮食与食品工业，18（4）：8-11，18.

张超，李玟君，汪海燕，等，2021. 花生粕酱油制曲工艺条件优化 [J]. 中国酿造，40（9）：52-57.

张会翠，唐琳，杨庆利，等，2012. 超滤法分离花生肽及其抗氧化活性的研究 [J]. 花生学报，41（1）：1-5.

张会翠，于丽娜，宫清轩，等，2011. 花生分离蛋白超声波辅助提取工艺的优化 [J]. 花生学报，40（1）：6-12.

张馨懿，付复华，李绮丽，等，2024. 柑橘类黄酮的主要包封方法及应用 [J]. 中国食品学报，24（3）：418-431.

周文龙，2006. 用物理精炼法加工花生一级油 [J]. 中国油脂（7）：39-40.

HUICUI ZHANG，LINA YU，QINGLI YANG，et al.，2012. Optimization of a microwave-coupled enzymatic digestion process to prepare peanut peptides[J]. Molecules，17：5661-5674.

LIN TANG，JIE SUN，HUI CUI ZHANG et al.，2012. Evaluation of physicochemical and antioxidant properties of peanut protein hydrolysate[J]. PLoS one，7（5）：DOI.10.1371/journal.pone.0037863.

LINA YU，JIANXIONG FENG，QIANGQIANG MING，et al.，2014. Preparation and antioxidant activities of peanut（*Arachin conarachin* L.）protein peptides by bacillus subtilis solid state fermentation method[J]. Advanced Materials Research，887-888：601-604.

LINA YU，JIE BI，YU SONG，et al.，2023. Products and properties of components from heat-denatured peanut meal following solid-state fermentation by *Aspergillus oryzae* and *Saccharomyces cerevisiae*[J]. Fermentation，9：425.

LINA YU，JIE SUN，SHAOFANG LIU，et al.，2012. Ultrasonic-assisted enzymolysis to improve the antioxidant activities of peanut（*Arachin conarachin* L.）antioxidant hydrolysate[J]. International Journal of Molecular Sciences，13：9051-9068.

LINA YU，QINGLI YANG，JIANXIONG FENG，et al.，2014. Preparation and antioxidant activities of peanut（*Arachin conarachin* L.）protein peptides by lactobacillus solid state fermentation method[J]. Applied Mechanics and Materials，668-669：1573-1576.

LINA YU，QINGLI YANG，JIE SUN，et al.，2012. Study on the antioxidation activity of peanut antioxidant peptide[J]. Applied Mechanics and Materials，140：446-450.

LINA YU，QINGXUAN GONG，QINGLI YANG，et al.，2011. Technology optimization on preparation of peanut polypeptide using Alcalase[J]. Advanced Materials Research，236-238：2586-2593.

LINA YU，QINGXUAN GONG，QINGLI YANG，et al.，2011. Technology optimization on microwave-assisted extraction water soluble dietary fiber from peanut hull and its antioxidant activity[J]. Food Science and Technology Research，17（5）：401-408.

LINA YU，WEIQIANG YANG，JIE SUN，et al.，2015. Preparation,

characterisation and physicochemical properties of the phosphate modified peanut protein obtained from Arachin Conarachin L[J]. Food Chemistry，170：169-179.

MINGXIU WEI，LIN TANG，QINGLI YANG，et al.，2012. Membrane separation and antioxidant activity research of peanut peptides[J]. Applied Mechanics and Materials，209-211：2009-2012.

YANG QINGLI，YU LINA，YU SHANLIN，et al.，2009. Study on the extraction of water soluble dietary fiber from peanut hulls by cellulase [C]// Proceedings of 2009 International Conference of Natural Products and Traditional Medicine（ICNPTM'09）. 西安：2009 International Conference of Natural Products and Traditional Medicine（ICNPTM'09）.

YU LINA，XU TINGTING，ZHANG CHUSHU，et al.，2016. Technology optimization on preparation of peanut antioxidant peptides by bacillus subtilis solid state fermentation method[J]. Applied Mechanics and Materials，835：103-108.

YU LINA，YANG QINGLI，YU SHANLIN，et al.，2009. Study on the extraction of water soluble dietary fiber and antioxidant activity from peanut stem by ultrasonic wave[C]//Proceedings of 2009 International Conference of Natural Products and Traditional Medicine（ICNPTM'09）. 西安：2009 International Conference of Natural Products and Traditional Medicine（ICNPTM'09）.